中央高校教育教学改革基金（本科教学工程）
“复杂系统先进控制与智能自动化”高等学校学科创新引智计划　　联合资助
中国地质大学（武汉）“双一流”建设经费

数字图像处理实验指导书

SHUZI TUXIANG CHULI SHIYAN ZHIDAOSHU

徐　迟　上官星辰　魏龙生　编著

图书在版编目(CIP)数据

数字图像处理实验指导书/徐迟，上官星辰，魏龙生编著.—武汉：中国地质大学出版社，2024.3

中国地质大学(武汉)自动化与人工智能精品课程系列教材

ISBN 978-7-5625-5815-6

Ⅰ.①数… Ⅱ.①徐… ②上… ③魏… Ⅲ.①数字图像处理-高等学校-教材 Ⅳ.①TN911.73

中国国家版本馆CIP数据核字(2024)第061173号

数字图像处理实验指导书 徐 迟 上官星辰 魏龙生 编著

责任编辑：周 旭 选题策划：毕克成 张晓红 周 旭 王凤林 责任校对：徐蕾蕾

出版发行：中国地质大学出版社(武汉市洪山区鲁磨路388号) 邮编：430074

电 话：(027)67883511 传 真：(027)67883580 E-mail：cbb@cug.edu.cn

经 销：全国新华书店 http://cugp.cug.edu.cn

开本：787毫米×1092毫米 1/16 字数：115千字 印张：4.5

版次：2024年3月第1版 印次：2024年3月第1次印刷

印刷：武汉市籍缘印刷厂

ISBN 978-7-5625-5815-6 定价：20.00元

自动化与人工智能精品课程系列教材

编委会名单

序

为适应新工科建设要求，推动自动化与人工智能融合发展，中国地质大学（武汉）自动化学院联合教育部高等学校自动化类专业教学指导委员会和中国自动化学会教育工作委员会的有关专家，依托先进模块化的课程体系，有机融入“课程思政”的相关要求，突出前沿性、交叉性与综合性的新内容，组织编写了自动化与人工智能精品课程系列教材，以服务于新时代自动化与人工智能领域的人才培养。

本系列教材涵盖了专业基础课、专业主干课、专业选修课、课程设计等教学内容。教材设置上依托教育部高等学校自动化类专业教学指导委员会首批自动化专业课程体系改革与建设试点项目（全国五个试点项目之一）和中国地质大学（武汉）教育教学改革项目的研究成果，以“重视基础理论、突出实际应用、强化工程实践”的课程体系设计为主线。教材设置包括增强知识点教学的连贯性，提高对自动化系统结构认知的完整性；知识点对应的工具成体系，提高对主流技术和工具认知的完整性；面对特定应用环境的设计技术成体系，提高对行业背景下设计过程认知的完整性。它充分体现以控制理论、运动控制、过程控制、嵌入式系统、测控软件技术、人工智能与大数据技术等为模块的教材设计。

本系列教材由教育部高等学校自动化类专业教学指导委员会委员、中国自动化学会教育工作委员会委员、高校教学主管领导和教学名师担任编审委员会委员，并对教材进行严格论证和评审。

本系列教材的组织和编写工作从2019年5月开始启动。中国地质大学（武汉）自动化学院已与中国地质大学出版社达成合作协议，并拟在3～5年内出版20种左右的教材。

本系列教材主要面向自动化、测控技术与仪器及相关专业的本科生，控制科学与工程相关专业的研究生以及相关领域和部门的科技工作者。一方面为广大在校学生的学习提供先进且系统的知识内容，另一方面为相关领域科技工作者的学习和工作提供参考。欢迎使用本系列教材的读者提出批评意见和建议，我们将认真听取意见，并作修订。

自动化与人工智能精品课程系列教材编委会

2020年12月

前 言

图像作为人类感知世界的视觉基础，是人类获取信息、表达信息和传递信息的重要手段。数字图像处理，即用计算机对图像进行处理，可以帮助人们更客观、准确地认识世界。数字图像处理技术已被广泛应用于通信、宇宙探测、遥感、医学、工业生产、军事、安全、机器视觉、视频和多媒体、科学可视化、智能交通、无人驾驶、移动支付等领域。作为人工智能领域的一门基础课程，数字图像处理伴随深度学习、移动计算的广泛应用而蓬勃发展。

本书旨在向读者介绍在 Python 和 OpenCV 环境下数字图像处理上机实验的方法和步骤，帮助读者掌握处理数字图像的方法和技巧。本书包括十二个实验内容，从开发环境的配置、图像读写操作、颜色空间转换、图像算数运算、图像几何变换、二值化阈值操作、图像边缘检测、形态学操作、图像分割等方面展开讲解，并针对教学的重点和难点设计了一系列上机实验，旨在帮助读者系统地学习数字图像处理的理论和实践应用。

本书内容丰富，实用性强，既便于学生理解和消化教学内容，又便于教师组织实验教学。本书适于高等学校人工智能、自动化、电子信息工程、计算机科学与技术等专业师生使用，也可供相关工程技术人员参考。

我们衷心感谢读者选择阅读本书，希望本书能成为您学习和应用数字图像处理技术的有力工具，激发您对数字图像处理领域的兴趣与热情。受作者水平所限，难免存在疏漏和不当之处，敬请各位读者批评指正。

编著者
2024 年 3 月

目 录

实验一　安装开发环境

一、实验目标

(1)掌握 Windows 系统中 Python 的安装、设置和使用。
(2)掌握 OpenCV、Numpy、Matplotlib 等软件开发包的安装配置和使用。

二、实验内容

1. 安装 Python

下载和安装 Python(官方网站网址:https://www.python.org/downloads/windows/)。对于 Windows 操作系统,可以下载"Windows installer(64-bit)"。双击运行下载的安装程序,打开 Python 环境的安装向导,如图 1-1 所示。

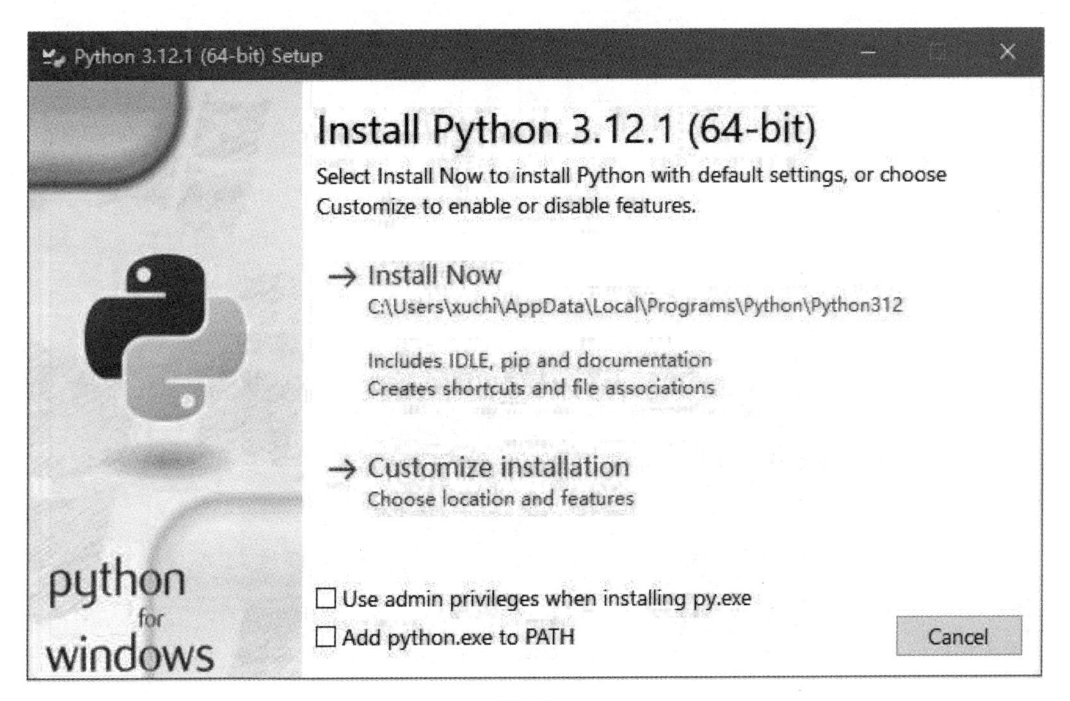

图 1-1

如果选择“Install Now”(立即安装),则不需要成为管理员(除非需要对C运行库进行系统更新,或者为所有用户安装)。Python将安装到用户目录中,且安装标准库、测试套件、启动器和pip,其快捷方式仅对当前用户可用。

如果选择“Customize installation”(自定义安装),将允许选择要安装的功能、安装位置、其他选项或安装后的操作。如果要安装调试符号或二进制文件,或者要为全部用户安装,应选择“自定义安装”,在这种情况下需要提供管理凭据或批准。Python将安装到Program Files目录中,其快捷方式所有用户可用。

在执行安装向导的时候,请记得勾选“Add python. exe to PATH”选项,这个选项会帮助我们将Python的解释器添加到PATH环境变量中。

安装完成后可以按Win+R打开Windows的“运行”对话框,输入cmd并点击确认按钮,启动命令提示符窗口(图1-2)。

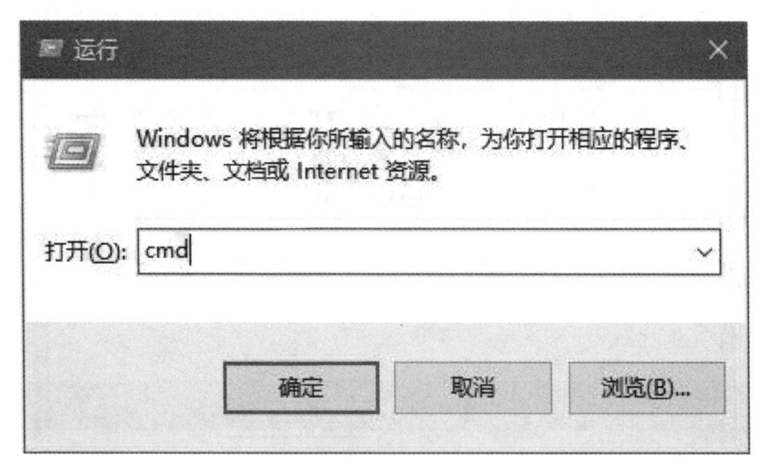

图1-2

在命令提示符窗口中输入“python--version”或“python-V”然后回车,检查Python安装是否成功。如果看到Python解释器对应的版本号(如Python 3.8.5),说明安装已经成功了(图1-3)。

图1-3

2. 安装软件开发包

使用 Python 提供的 pip 工具，从国内镜像下载并安装下列软件开发包：

(1)安装 Numpy 包(在命令提示符窗口中输入 pip install numpy-i https://pypi.tuna.tsinghua.edu.cn/simple/命令下载)。

(2)安装 Matplotlib 包(在命令提示符窗口中输入 pip install matplotlib-i https://pypi.tuna.tsinghua.edu.cn/simple/命令下载)。

(3)安装 OpenCV 包(在命令提示符窗口中输入 pip install opencv-contrib-python-i https://pypi.tuna.tsinghua.edu.cn/simple/命令下载)。

安装后，在命令提示符窗口中输入 python 然后回车，启动 Python 交互终端，并在终端中键入如图 1-4 所示的代码，如果打印出来的结果没有任何错误，说明已经成功安装 OpenCV 开发包。

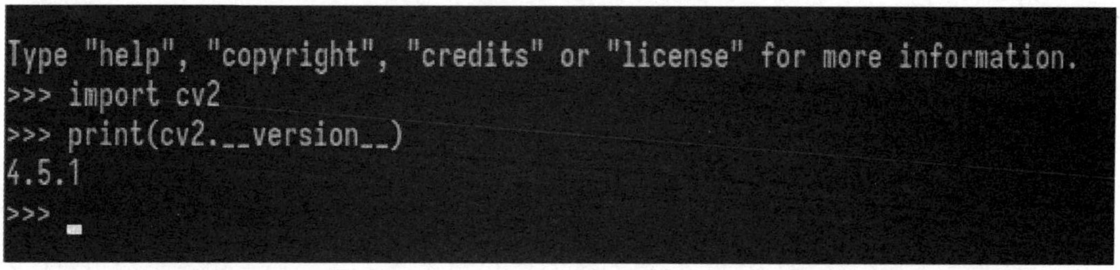

```
Type "help", "copyright", "credits" or "license" for more information.
>>> import cv2
>>> print(cv2.__version__)
4.5.1
>>>
```

图 1-4

实验二 图像读写操作

一、实验目标

(1)掌握 Python 中 OpenCV 的图像读写操作。

(2)使用 OpenCV 函数读取视频文件中的序列图像。

(3)使用 OpenCV 函数在屏幕上显示图像。

二、实验内容

1. 读取图像

使用 OpenCV 开发包中的 cv2.imread(filename,flag)函数将数字图像文件读入程序中。

函数的第 1 个输入参数 filename 是图像文件名,图像文件应该在工作目录;若文件不在工作目录,则需给出图像的完整路径。

函数的第 2 个输入参数 flag 是一个标志符,它指定了读取图像的方式,具体选项如下。

(1)cv2.IMREAD_COLOR:表示以彩色模式加载图像,图像的透明度 alpha 通道都会被忽略;它是该函数的默认标志。

(2)cv2.IMREAD_GRAYSCALE:表示以灰度模式加载图像,任何图像彩色信息都会被忽略。

(3)cv2.IMREAD_UNCHANGED:表示以图像的原有模式加载图像,图像的透明度 alpha 通道不会被忽略。

说明:除了直接使用这 3 个标志外,还可以简单地传递整数作为参数。例如:整数"1"等价于 cv2.IMREAD_COLOR,整数"0"等价于 cv2.IMREAD_GRAYSCALE,整数"-1"等价于 cv2.IMREAD_UNCHANGED。

函数的返回值是图像对象,其类型为 Numpy 数组结构。如果文件读取失败,函数执行过程中不会引发任何错误,但是函数的返回值为 None。

以灰度模式读取图像文件,实验代码如下:

```
1| import numpy as np
2| import cv2
3| # 灰度模式加载图像
4| img=cv2.imread('sample.jpg',cv2.IMREAD_GRAYSCALE)
5| # 等价上一行代码
6| img=cv2.imread('sample.jpg',0)
```

2. 显示图像

使用函数 cv2. imshow(window_name,image)在弹出窗口中显示图像,窗口的大小会自动适合图像尺寸。

函数的第 1 个输入参数 window_name 是窗口的名称,它是字符串类型,可以根据需要创建任意多个窗口,每个窗口的名称需不同。

函数的第 2 个输入参数 image 是图像对象,其类型为 Numpy 数组结构。该函数不返回任何对象或数值。

读取图像并显示的实验代码如下:

```
1| import numpy as np
2| import cv2
3| img=cv2.imread('sample.png')
4| cv2.imshow('lewis',img)
5| k=cv2.waitKey(0) & 0xFF
6| cv2.destroyAllWindows()
```

程序运行结果的屏幕截图如 2-1 所示。

图 2-1

cv2. waitKey(delay)是等待键盘事件函数(如敲击键盘就是一个键盘事件),必须使用该函数触发 GUI 窗口显示图像。输入参数 delay 是以毫秒为单位的时间。

该函数暂停程序,并等待键盘事件指定的毫秒;如果数值“0”被传递给 delay 参数,将无限期地等待一次键盘事件。

若在等待时间内按下任何键盘按键,该函数的返回值为按键值,然后程序继续运行;若在等待时间内没有键盘事件,则函数返回整数值“－1”。如果使用的是 64 位计算机,则必须将返回值和 0xFF 进行与操作,获得按下按键对应字母的数值,即代码第 5 行,k＝cv2. waitKey(0) & 0xFF。

该代码中,cv2. destroyAllWindows()关闭显示图像的窗口。

3. 写入图像

使用函数 cv2. imwrite(filename,image)写入图像。

写入图像的实验代码如下：

```
1|  import numpy as np
2|  import cv2
3|  img=cv2.imread('sample.png',0)
4|  cv2.imshow('lewis',img)
5|  k=cv2.waitKey(0) & 0xFF
6|  if k = =  27:          #  等待 ESC 退出
7|      cv2.destroyAllWindows()
8|  elif k = =  ord('s'): #  保存和退出
9|      cv2.imwrite('sample.jpg',img)
10|     cv2.destroyAllWindows()
```

函数的第 1 个参数 filename 是图像文件名，数据类型为字符串。

函数的第 2 个参数 image 是要保存的图像对象，数据类型为 Numpy 数组。例如代码第 9 行，cv2. imwrite(' sample. jpg',img)表示将图像 img 保存到当前目录下的 sample. jpg 文件中。

在以上的程序中，以灰度加载图像，显示图像，按 s 键保存图像并退出，或者按 ESC 键直接退出而不保存。代码第 8 行，使用 ord 函数将一个字符转化为其所对应的数值，并判断 k 是否等于该数值；由于 ESC 键对应的数值为 27，代码第 6 行用于判断所按下的按键是否为 ESC。

4. 读取视频

OpenCV 提供了一个实用的函数接口，从相机中读取视频，将其转换成一系列图像。

实验代码如下：

```
1|  import numpy as np
2|  import cv2
3|  cap=cv2.VideoCapture(0) #  连接第一台相机
4|  if not cap.isOpened():
5|      print("无法连接相机")
6|    exit()
7|  while True:
8|      ret,frame=cap.read() #  逐帧捕获
9|      if not ret: #  如果不能正确读取帧，ret 为 False
10|          break
11|      cv2.imshow('frame',frame) #  显示图像
12|      if cv2.waitKey(1) % 0xFF = =  ord('q'):
13|          break
14|  cap.release() #  完成操作后，释放捕获器对象
```

首先，代码第 3 行创建了一个 VideoCapture 对象捕获视频。其构造函数的输入参数可以指定设备索引或视频文件的名称。设备索引就是指定相机的编号：若输入参数为“0”，则第一台相机被连接；若输入参数为“1”，则第二台相机被连接；依此类推。

然后，代码第 4～6 行，表示对于创建的视频对象，通过 cap.isOpened()成员函数检查该对象是否已初始化，若初始化失败，则退出程序。

接着，代码第 7～13 行，表示在 while 循环中，通过 cap.read()成员函数不断地读取下一帧图像，该函数返回 ret 为布尔类型标志符，frame 为 Numpy 数组类型的图像对象。如果正确读取了 frame 图像帧，则 ret 的值为 True，否则 ret 的值为 False。因此，可以通过返回值 ret 检查视频是否结束。如果图像读取成功，将在窗口中显示该图像。如果图像读取不成功，将退出 while 循环。

最后，代码第 14 行，表示使用完视频对象，需要调用 release()函数释放该对象。

实验三　图像基本操作

一、实验目标

(1)掌握访问并修改 Numpy 数组类型图像对象的像素值。

(2)掌握访问 Numpy 数组类型图像对象的尺寸和通道属性。

(3)掌握使用 OpenCV 在图像中绘制不同的几何形状。

二、实验内容

1. 访问和修改像素值

OpenCV 采样 BGR 格式表示彩色图像,可以通过行和列坐标获得图像指定位置的像素值,返回结果为一个由蓝色、绿色和红色值组成的列表。对于灰度图像,只返回相应的灰度。

相似地,也可以通过行和列坐标来修改像素值。需要注意的是,因为 Python 代码的 for 循环速度慢,如果在 Python 代码中直接逐个访问每个像素值并进行修改,运行速度会非常慢,因此不建议使用 for 循环逐个修改像素值。

相关实验代码如下:

```
1|  import numpy as np
2|  import cv2
3|  img=cv2.imread('sample.png')
4|  # 获得(100,100)位置的 BGR 像素值
5|  px=img[100,100]
6|  print(px)
7|  # 获得(100,100)位置的 Blue 值
8|  blue=img[100,100,0]
9|  print(blue)
10|  # 修改(100,100)位置的 BGR 像素值
11|  img[100,100]=[255,255,255]
```

2. 图像属性

图像属性包括行数、列数、通道数、图像数据类型、像素数等。图像的形状可通过 Numpy

数组的成员对象 img. shape 访问。对于彩色图像，该操作返回行、列和通道数的元组(Tuple)；对于灰度图像，则返回的元组(Tuple)仅包含行数和列数。例如：

```
1| >>> print(img.shape)
2| (273,593,3)
```

像素总数可通过 Numpy 数组的成员对象 img. size 访问。例如：

```
1| >>> print(img.size)
2| 485667
```

图像数据类型通过 Numpy 数组的成员对象 img. dtype 访问。例如：

```
1| >>> print(img.dtype)
2| uint8
```

其中 uint8 表示 8 位无符号整型，取值范围为 0～255。

3. 图像通道

彩色图像由 BGR 3 个通道组成，如果需要分别处理图像每个通道，可以通过 cv2. split 函数将彩色图像拆分为 3 个单通道灰度图像。但是 split 函数的运算速度较慢，通过 Numpy 索引方式可以更快地获得图像的指定通道，其中蓝色、绿色和红色通道的索引分别是“0”“1”“2”。

图像通道相关实验代码如下：

```
1| >>> b,g,r=cv2.split(img)
2| >>> b=img [:,:,0] #  通过索引访问蓝色通道
3| >>> img=cv2.merge((b,g,r))
```

代码第 3 行，表示可以通过 cv2. merge 函数将 3 个通道融合为一幅完整的 BGR 彩色图像。如果需要将彩色图像的某个通道所有像素统一设为某个值，无需拆分通道，可以直接使用 Numpy 索引设置，运算速度快。以下代码表示将图像的绿色通道(索引为“1”)的值统一设置为 255：

```
>>> img [:,:,1]=255
```

4. 绘图功能

在绘图功能中，一些常用到的参数如下。

(1)image：图像对象(Numpy 数组类型)。

(2)color：形状的颜色。对于颜色，以元组类型数值传递，如(255,0,0)表示蓝色；对于灰度，只需传递标量值即可。

(3)thickness：线或轮廓等的粗细。对于封闭图形，如果 thickness 的值为－1，它将填充形状。该参数的默认厚度＝1。

(4)lineType：线的类型。默认情况下，为 8 连接线类型；若设置为 cv2. LINE_AA，表示抗锯齿线条类型，该设置使所绘制的线条看起来更流畅，适合用于绘制曲线。

具体实验代码如下：

```
1| import numpy as np
2| import cv2
3| # 创建白色图像,numpy数组类型
4| image=np.full((512,512,3),255,np.uint8)
5| # 绘制一条 thickness 为 15 的绿色直线
6| cv2.line(image,(0,256),(512,256),(0,255,0),10)
7| # 绘制矩形
8| cv2.rectangle(image,(384,0),(510,128),(0,255,0),3)
9| # 绘制圆形
10| cv2.circle(image,(447,63),63,(0,0,255),-1)
11| # 绘制椭圆
12| cv2.ellipse(image,(256,256),(200,50),0,0,180,255,-1)
13| # 绘制多边形
14| pts=np.array([[10,10],[10,200],[250,100],[50,10]],np.int32)
15| pts=pts.reshape((-1,1,2))
16| cv2.polylines(image,[pts],True,(100,100,0),3)
17| # 绘制文字
18| cv2.putText(image,'Drawing',(10,450),cv2.FONT_HERSHEY_SIMPLEX,
19| 4,(0,127,255),7,cv2.LINE_AA)
20| # 显示图像
21| cv2.imshow('drawing',image)
22| cv2.waitKey(0)
23| cv2.destroyAllWindows()
```

代码第 6 行,绘制一条直线,使用 cv2. line 函数,需给出线的开始点和结束点的二维坐标。程序在图像上绘制一条厚度为 10 像素的绿色直线。

代码第 8 行,绘制一个矩形,使用 cv2. rectangle 函数,需给出矩形的左上角和右下角的二维坐标。程序在图像的右上角绘制一个边缘厚度为 3 像素的绿色空心矩形。

代码第 10 行,绘制一个圆,使用 cv2. circle 函数,需给出中心点的二维坐标和圆的半径。程序在图像的右上角矩形内绘制一个圆,厚度值－1 表示圆内实心填充。

代码第 12 行,绘制一个椭圆,使用 cv2. ellipse 函数,需给出一系列参数:椭圆中心位置的二维坐标;长轴长度,短轴长度,用 tuple 表示;椭圆沿逆时针方向旋转的角度 angle,其中 startAngle 和 endAngle 分别表示从主轴沿顺时针方向测量的椭圆弧的开始和结束,0 和 360 表示完整的椭圆。程序在图像上绘制了 0°～180°半个椭圆。

代码第 16 行,绘制一个多边形,使用 cv2. polylines 函数,需给出多边形一系列顶点的二维坐标。这些点坐标堆叠为 $n\times1\times2$ 的数组,其中 n 是顶点数,数据类型应为 32 位 int 型。如果第 3 个参数为 False,表示绘制一条连接所有点的非闭合折线,否则绘制闭合形状。程序在图像上左上角绘制了一个闭合多边形。

代码第 18 行,绘制一行文本,使用 cv2. putText 函数,需给出一系列参数:待绘制的文字字符串数据;文字被绘制的二维位置坐标(即文字的左下角);字体类型;字体大小;常规内容,如颜色、厚度、线条类型等。程序在图像下方绘制了文本“Drawing”。

实验四　图像算术运算

一、实验目标

(1)掌握数字图像的基本算术运算,如加权加法运算。

(2)掌握使用 OpenCV 函数进行数字图像颜色空间的转换。

二、实验内容

1. 算数运算

可以通过 OpenCV 的 cv2.add()函数实现两个图像的加法运算,也可以通过 Numpy 的加法操作符实现相同功能。add 函数的两个输入参数分别是两幅图像,实现两幅图像的加操作,要求两个图像具有相同的深度和类型;或者第 1 个参数是一幅图像,第 2 个参数是一个标量,实现一幅图像和一个标量的加操作。注意,OpenCV 的 add 函数和 Numpy 的加法运算符在功能上有区别,OpenCV 的 add 函数是饱和运算,而 Numpy 加法运算符是模运算。

例如,考虑以下示例:

```
1| >>> x=np.uint8([250])
2| >>> y=np.uint8([10])
3| >>> print( cv2.add(x,y) ) #  250+10=260=> 255(饱和运算)
4| [[255]]
5| >>> print( x+y )           #  250+10=260 % 256=4(模运算)
6| [4]
```

通过带权重的加法运算实现图像的融合,以使其具有融合或透明的感觉。添加图像的等式为

$$G(x)=(1-\alpha)f_0(x)+\alpha f_1(x) \tag{4-1}$$

通过 α 从 0 到 1 的渐变,可以在一个图像到另一个图像之间实现平滑的过渡。

给定两幅图像,将它们融合在一起。第一幅图像的权重为 0.7,第二幅图像的权重为0.3。cv2.addWeighted()函数融合图像的公式为

$$\mathrm{dst}=\alpha\cdot \mathrm{img1}+\beta\cdot \mathrm{img2}+\gamma \tag{4-2}$$

假设 γ 的值为零,则

```
dst= cv2.addWeighted(img1,0.7,img2,0.3,0)
```

2. 颜色空间

实验两种颜色空间转换模式，即 BGR↔Gray 和 BGR↔HSV。

可以使用函数 cv2. cvtColor(input_image,flag)实现颜色转换，其中第 1 个参数 input_image 表示待转换颜色空间的图像，第 2 个参数 flag 表示颜色空间转换的类型。

对于 BGR→Gray 转换，我们使用标志 flag＝cv2. COLOR_BGR2GRAY，该操作将三通道彩色图像转化为单通道灰度图像。

对于 BGR→HSV，我们使用标志 flag＝cv2. COLOR_BGR2HSV，该操作将三通道 BGR 彩色空间转化为三通道 HSV 彩色空间。在 OpenCV 中，HSV 的色相范围为[0,179]，饱和度范围为[0,255]，值范围为[0,255]。需要注意的是，不同的软件使用的范围不同。因此，考虑到兼容性，在比较之前需要将这些范围标准化。

颜色空间转换相关的实验代码如下：

```
1| import cv2
2| bgr=cv2.imread('sample.png')
3| cv2.imshow('bgr',bgr)
4| gray=cv2.cvtColor(bgr,cv2.COLOR_BGR2GRAY)
5| cv2.imshow('gray',gray)
6| hsv=cv2.cvtColor(bgr,cv2.COLOR_BGR2HSV)
7| cv2.imshow('hsv',hsv)
8| cv2.waitKey(0)
9| cv2.destroyAllWindows()
```

程序运行结果屏幕截图如图 4-1 所示。

图 4-1

续图 4-1

OpenCV 中还包含很多其他的颜色空间转换模式，要获取并查看与这些转换模式对应的标记符号，可以在 Python 终端中运行以下代码：

```
1| import cv2
2| for it in dir(cv2):
3|     if it.startswith('COLOR_'):
4|         print(it)
```

实验五　图像几何变换

一、实验目标

掌握使用 OpenCV 函数将缩放、平移、旋转等几何变换应用到图像上。

二、实验内容

1. 缩放

缩放是对图像大小的调整，可以通过指定目标图像的大小进行缩放，也可以通过使用如下函数指定缩放比例：

```
cv2.resize(src,dsize,fx,fy,interpolation)
```

(1)第 1 个参数 src 表示待缩放的原始图像，数据类型为 Numpy 的数组。

(2)第 2 个参数 dsize 表示缩放变换后目标图像的尺寸，数据类型为 Tuple，dsize 包含两个元素，分别是目标图像的宽和高。

(3)第 3 个参数 fx 和第 4 个参数 fy 分别表示在宽和高方向上的缩放因子，数据类型为 float。

(4)第 5 个参数 interpolation 表示插值方法，cv2. INTER_CUBIC 选项的精度和质量最高，但是其运算速度较慢；如果计算资源有限，可以使用 cv2. INTER_AREA 选项，因为运算速度更快。

(5)函数的返回值为 dst 缩放后的图像，数据类型为 Numpy 数组。

实验代码如下：

```
1|  import numpy as np
2|  import cv2
3|  src=cv2.imread('sample.png')
4|  # 将图像缩小 50%
5|  dst1=cv2.resize(src,None,fx=0.5,fy=0.5,interpolation=cv2.INTER_AREA)
6|  # 将图像放大 2 倍
7|  dst2=cv2.resize(src,(src.shape[1],2*src.shape[0]),interpolation=cv2.INTER_CUBIC)
8|  cv2.imshow('dst1',dst1)
9|  cv2.imshow('dst2',dst2)
10|  cv2.waitKey(0)
11|  cv2.destroyAllWindows()
```

代码第5行，对src图片的宽和高统一缩小50%得到dst1图像。代码第7行，对src的宽保持不变，高放大2倍，得到dst2图像。

程序运行后屏幕截图如图5-1所示。

图5-1

2. 平移

平移是图像位置的移动，即在x方向和y方向上的位移，通过仿射变换的方式实现图像的平移，使用如下函数：

```
cv2.warpAffine(src,M,dsize,...)
```

(1)第 1 个参数 src 表示待缩放的原始图像,数据类型为 Numpy 的数组。

(2)第 2 个参数 **M** 表示仿射变换矩阵,它是一个 2×3 转换矩阵;假设在 x 和 y 方向的平移分别为(t_x, t_y),则对应的仿射变换矩阵为

$$\boldsymbol{M}=\begin{bmatrix}1 & 0 & t_x \\ 0 & 1 & t_y\end{bmatrix} \tag{5-1}$$

(3)第 3 个参数 dsize 表示缩放变换后目标图像的尺寸,数据类型为 Tuple;该参数包含两个元素,分别是目标图像的宽和高。

(4)函数返回值为几何变换后的目标图像。

实验代码如下:

```
1|  import numpy as np
2|  import cv2
3|  src=cv2.imread('sample.png')
4|  M=np.array([[1,0,30],[0,1,10]],dtype=np.float64)
5|  dst=cv2.warpAffine(src,M,(src.shape[1]+30,src.shape[0]+10))
6|  cv2.imshow('dst',dst)
7|  cv2.waitKey(0)
8|  cv2.destroyAllWindows()
```

代码第 5 行,将图像沿 x 方向平移 30 像素,沿 y 方向平移 10 像素。为了让平移后的图像完整地显示,将图像的宽和高分别增加了 30 像素和 10 像素。

程序运行后屏幕截图如图 5-2 所示。

图 5-2

3. 旋转

可以使用 cv2. warpAffine()函数通过仿射变换的方式实现图像的旋转。假设图像绕图像原点(0,0)旋转角度 θ,其对应的仿射变换矩阵为

$$M=\begin{bmatrix}\cos\theta - \sin\theta & 0\\ \sin\theta - \cos\theta & 0\end{bmatrix} \tag{5-2}$$

若绕图像上任意一个点(x,y)进行旋转,并且同时进行尺度 scale 的缩放,则修改后的仿射变换矩阵为

$$\begin{bmatrix}\alpha & \beta & (1-\alpha)\cdot x-\beta\cdot y\\ -\beta & \alpha & \beta\cdot x+(1-\alpha)\cdot y\end{bmatrix} \tag{5-3}$$

其中:

$$\alpha=\text{scale}\cdot\cos\theta$$
$$\beta=\text{scale}\cdot\sin\theta \tag{5-4}$$

该矩阵的构造比较复杂,为了方便计算绕给定点的旋转缩放变换矩阵,可以使用如下函数:

```
cv2.getRotationMatrix2D(center,angle,scale)
```

(1)第 1 个参数 center 为图像旋转的中心点二维坐标,数据类型 Tuple 包含两个元素(x,y);

(2)第 2 个参数 angle 为旋转角度,float 类型,单位为°;

(3)第 3 个参数 scale 为缩放因子,float 类型;

(4)函数返回值为变换矩阵 **M**。

实验代码如下:

```
1|  import numpy as np
2|  import cv2
3|  src=cv2.imread('sample.png')
4|  M=cv2.getRotationMatrix2D((src.shape[1]* 0.5,src.shape[0]* 0.5),30,0.8)
5|  dst=cv2.warpAffine(src,M,(src.shape[1],src.shape[0]))
6|  cv2.imshow('dst',dst)
7|  cv2.waitKey(0)
8|  cv2.destroyAllWindows()
```

代码第 4 行,计算变换矩阵 **M**,绕图像的中心点逆时针旋转 30°,缩小 80%;代码第 5 行,根据 **M** 对 src 图像进行旋转变换得到 dst 图像。

运行后屏幕截图如图 5-3 所示。

图 5-3

实验六　图像直方图

一、实验目标

(1)掌握图像直方图的计算与绘制。

(2)掌握图像直方图的均衡化操作。

二、实验内容

1. 绘制直方图

使用 Matplotlib 的直方图函数绘图：

```
hist(x,bins= None,range= None ...)
```

(1)第 1 个参数 x 是绘制直方图所需的数据，必须是一维数组；如果是多维数组，可以先进行扁平化再作图。

(2)第 2 个参数 bins 表示直方图的柱数，即要分的组数，默认为 10；在绘制图像的直方图时，这个数值一般设置为 256。

(3)第 3 个参数 range 表示直方图绘制的数值范围，其数据格式为元组(Tuple)、列表(List)或 None；它包含两个数值，分别是最大值和最小值；在绘制图像的直方图时，range 一般设置为 0～256；如果 range 为 None，则默认为(x. min()，x. max())。

绘制直方图的实验代码如下：

```
1| import numpy as np
2| import matplotlib.pyplot as plt
3| import cv2
4| src=cv2.imread('lenna.jpg',0)
5| # 绘图
6| plt.rcParams'font.sans-serif']='SimHei' # 中文字体
7| plt.figure(figsize=(10,4))
8| # 左图
9| plt.subplot(121)
10| plt.imshow(src,cmap='gray')
```

```
11| plt.xticks([])
12| plt.yticks([])
13| plt.title('灰度图')
14| # 右图
15| plt.subplot(122)
16| plt.hist(src.ravel(),256,[0,256])
17| plt.xlim((0,256))
18| plt.xlabel('像素值')
19| plt.ylabel('像素数量')
20| plt.title('灰度直方图')
21| plt.show()
```

所绘制的窗口包含两个子区域，左边的子区域显示灰度图像，右边的子区域显示该图像的直方图。

代码第 9 行，plt. subplot(121)表示把窗口划分为 1 行 2 列共两个子区域，并开始绘制左边的子区域。代码第 10 行，plt. imshow(src，cmap=' gray ')表示绘制灰度图像。代码第 15 行，plt. subplot(122)表示开始绘制右边的子区域。代码第 16 行，plt. hist(src. ravel()，256，[0，256])表示通过 matplotlib 的 hist 函数绘制图像的直方图，该直方图包含 256 个 bins，数值的统计区域为 0～256。其中，src. ravel()表示将 src 图像数据转化为一个连续的平坦数组。代码第 17 行，plt. xlim((0，256))表示将直方图的 x 轴的显示范围限定在 0～256 之间。

程序运行结果的屏幕截图如图 6-1 所示。

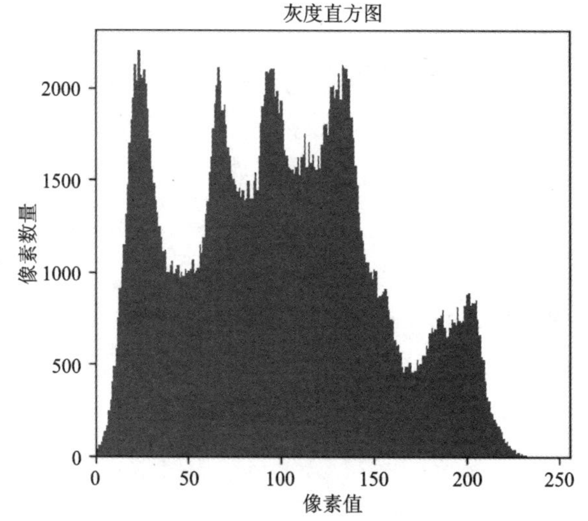

图 6-1

也可以使用 OpenCV 的函数绘制每个通道的直方图：

```
calcHist(images,channels,mask,histSize,ranges) -> hist
```

(1)第 1 个参数 images 表示绘制直方图所需的图像。该参数是列表类型，请将图像放在方括弧中，如“[src]”。

(2)第 2 个参数 channels 表示计算直方图的通道的索引。如果输入为灰度图像,则其值为[0]。对于彩色图像,可以传递[0]、[1]或[2]分别计算蓝色、绿色或红色通道的直方图。

(3)第 3 个参数 mask 表示图像掩码,为了找到完整图像的直方图,该参数一般被指定为"None",表示不使用掩码。

(4)第 4 个参数 histSize 表示直方图的柱数,即要分的组数。

(5)第 5 个参数 ranges 表示直方图绘制的数值范围,通常设定为 0～256。

(6)该函数返回类型为 float32 的直方图点数组。

绘制彩色图像三通道的直方图的实验代码如下:

```
1| import numpy as np
2| import matplotlib.pyplot as plt
3| import cv2
4| src=cv2.imread('lenna.png')
5| # 绘图
6| plt.rcParams['font.sans- serif']='SimHei' # 中文字体
7| plt.figure(figsize= (10,4))
8| # 左图
9| plt.subplot(121)
10| plt.imshow(src[:,:,::-1])
11| plt.xticks([])
12| plt.yticks([])
13| plt.title('彩色图')
14| # 右图
15| plt.subplot(122)
16| colors= ['b','g','r']
17| for c in range(3):
18|     hist=cv2.calcHist([src],[c],None,[256],[0,256])
19|     plt.plot(hist,color=colors[c])
20| plt.xlim((0,256))
21| plt.xlabel('像素值')
22| plt.ylabel('像素数量')
23| plt.title('彩色直方图')
24| plt.show()
```

代码第 10 行,plt. imshow(src[:,:,::－1])表示在 Matplotlib 中绘制彩色图像。OpenCV 使用 BGR 模式表示彩色图像,而 Matplotlib 使用 RGB 模式显示彩色图像,为了让 BGR 模式图像可以正确显示在 Matplotlib 中,需要对 src 图像的第 3 个维度(即颜色通道)进行翻转,相应代码为 src[:,:,::－1]。

代码第 19 行,plt. plot(hist,color＝colors[c])表示用曲线绘制计算得到的直方图数据

hist。color=colors[c]表示绘制的曲线的颜色，字母'b'、'g'、'r'分别表示蓝色、绿色、红色。变量 c 表示索引，在 for 循环中，它的取值是 0，1 和 2，分别指示图像的第一、第二和第三个通道。

程序运行结果的屏幕截图如图 6-2 所示。

彩色图

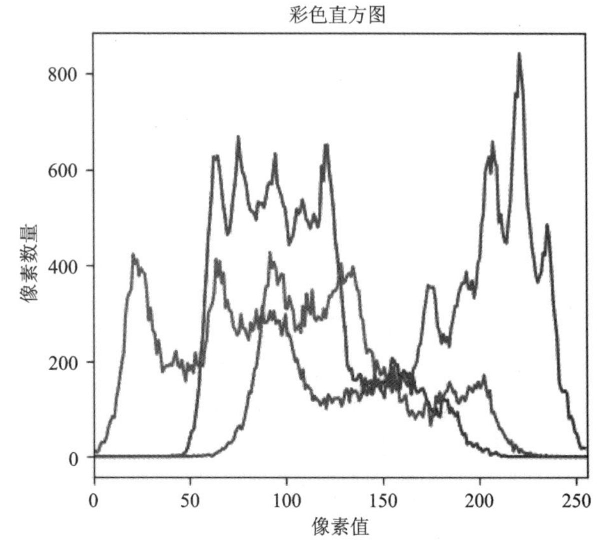

图 6-2

2. 直方图均衡

有时候，图像的像素值仅局限于某个特定的值范围，如较亮的图像将把所有像素限制在高值上。因此，需要将该图像的直方图拉伸到两端，使图像的亮度更加均衡，这就是直方图均衡化操作。该操作通常会提高图像的对比度。

实验代码如下：

```
1|  import numpy as np
2|  import cv2
3|  from matplotlib import pyplot as plt
4|  src=cv2.imread('mountain.png',0)
5|  # 绘图
6|  plt.rcParams['font.sans- serif']= 'SimHei' # 中文字体
7|  plt.figure(figsize= (10,10))
8|  # show src
9|  plt.subplot(221)
10|  plt.imshow(src,cmap='gray')
11|  plt.xticks([])
12|  plt.yticks([])
13|  plt.title('均衡操作前')
14|  # show hist of src
```

```
15| plt.subplot(222)
16| plt.hist(src.ravel(),256,[0,256])
17| plt.xlim([0,256])
18| plt.xlabel('像素值')
19| plt.ylabel('像素数量')
20| plt.title('直方图')
21| # equalize hist
22| hist,bins=np.histogram(src.ravel(),256,[0,256])
23| cdf=hist.cumsum()
24| cdf=(cdf* 255/cdf[-1]).astype(np.uint8)
25| dst=cdf[src]
26| plt.subplot(223)
27| plt.imshow(dst,cmap='gray')
28| plt.xticks([])
29| plt.yticks([])
30| plt.title('均衡操作后')
31| # show hist of dst
32| plt.subplot(224)
33| plt.hist(dst.ravel(),256,[0,256])
34| plt.xlim([0,256])
35| plt.xlabel('像素值')
36| plt.ylabel('像素数量')
37| plt.title('直方图')
38| plt.show()
```

代码第22～25行表示先计算累积分布函数(cdf),再通过该函数进行像素值映射,这种方式可以有效对图像进行直方图均衡化操作。

此外,也可以直接使用OpenCV提供的以下函数,运算的效果和代码第22～25行是一样的。

```
dst= cv2.equalizeHist(src)
```

程序运行结果的屏幕截图如图6-3所示。

通过直方图均衡操作,可以清楚地看到直方图被拉伸到两端,图像的灰度值分布更加均衡,图像对比度有明显的提升。

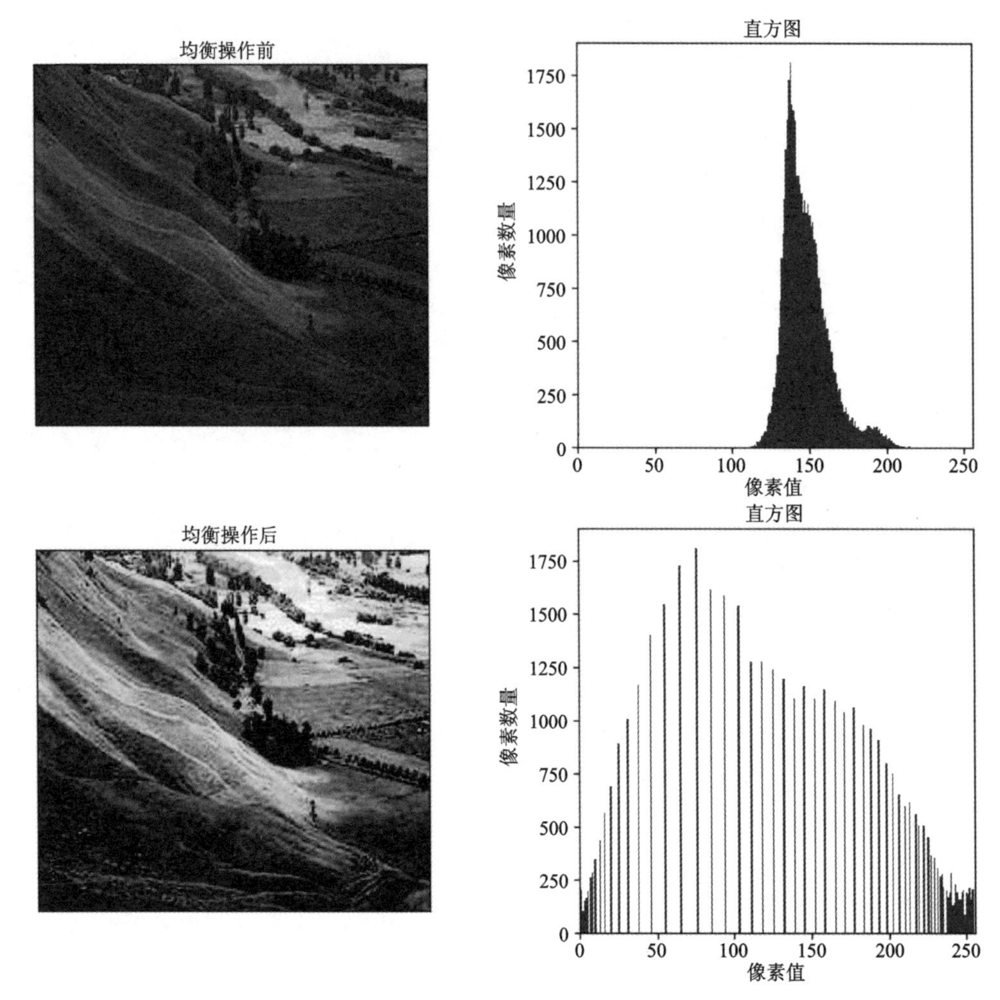

图 6-3

实验七　图像阈值化

一、实验目标

(1)掌握使用 OpenCV 函数对图像进行简单全局阈值。

(2)掌握通过 Otsu 算法自动估计图像的全局阈值。

(3)掌握自适应阈值算法。

二、实验内容

1. 简单全局阈值

对于简单阈值方法每个像素应用相同的阈值:如果像素值小于阈值,则将其设置为 0,否则将其设置为给定的最大值。使用 cv2. threshold(src,thresh,maxValue,type)函数完成简单阈值操作。该函数的参数信息如下:

(1)第 1 个参数 src 表示待操作的原始图像,它是灰度图像,只包含一个通道。

(2)第 2 个参数 thresh 表示阈值。

(3)第 3 个参数 maxValue 表示超过阈值的像素应设置的最大值。

(4)第 4 个参数 type 表示阈值操作类型,一般设置为 cv2. THRESH_BINARY。

该函数返回两个对象:第一个返回值是阈值(仅对自动计算阈值的方法有效,如 Otsu 方法);第二个返回值是阈值化操作后得到的目标图像。

2. Otsu 阈值估计

在全局阈值化操作中,图像分割效果和所选择的阈值有直接关系。如果手动选择阈值不当,将导致分割结果不理想。使用 Otsu 方法可以避免手动设定阈值,自动寻找一个合适的阈值。

假设图像的直方图仅包含两个峰,一个好的阈值应该在这两个值的中间。Otsu 的算法尝试找到一个阈值(t),该阈值最小化加权标准差,即

$$\sigma_w^2(t) = q_1(t)\,\sigma_1^2(t) + q_2(t)\,\sigma_2^2(t) \tag{7-1}$$

其中

$$q_1(t)=\sum_{i=1}^{t}P(i) \ \& \ q_2(t)=\sum_{i=t+1}^{I}P(i) \tag{7-2}$$

$$\mu_1(t)=\sum_{i=1}^{t}\frac{iP(i)}{q_1(t)} \ \& \ \mu_2(t)=\sum_{i=t+1}^{I}\frac{iP(i)}{q_2(t)} \tag{7-3}$$

$$\sigma_1^2(t)=\sum_{i=1}^{t}[i-\mu_1(t)]^2\frac{P(i)}{q_1(t)} \ \& \ \sigma_2^2(t)=\sum_{i=t+1}^{I}[i-\mu_2(t)]^2\frac{P(i)}{q_2(t)} \tag{7-4}$$

实际上，该阈值使前景和背景两个类别的加权标准差之和最小。Otsu 方法自动从图像直方图中确定最佳全局阈值。使用了 cv2. THRESH_BINARY＋cv2. THRESH_OTSU 作为附加标志传递。算法找到最佳阈值，该阈值作为函数的第一输出返回。

3. 自适应阈值

考虑到简单阈值化方法使用全局阈值，有时可能无法达到好的分割效果。例如，假设图像不同区域的光照条件相异，则简单的阈值方法可能失效。在这种情况下，不同区域取不同阈值会更合理。鉴于此，可以考虑采用自适应阈值方法。该算法基于像素周围的小区域确定像素的阈值，因此对于同一图像的不同区域可以计算得到不同的阈值，从而克服光照条件不均匀问题取得良好效果。

自适应阈值方法所对应的函数是 cv2. adaptiveThreshold(src，maxValue，adaptiveMethod，thresholdType，blockSize，C)。该函数的参数信息如下：

(1)第 1 个参数 src 表示待操作的原始图像，它是灰度图像，只包含一个通道。

(2)第 2 个参 maxValue 表示超过阈值的像素应设置的最大值。

(3)第 3 个参数 adaptiveMethod 标志了所选择的自适应阈值方法，可以有两个选项，cv2. ADAPTIVE_THRESH_MEAN_C 和 ADAPTIVE_THRESH_GAUSSIAN_C，其中前者用邻近区域的平均值计算阈值，后者用邻域值的高斯加权总和计算阈值。在实验中，我们选择 ADAPTIVE_THRESH_GAUSSIAN_C。

(4)第 4 个参数 thresholdType 表示阈值操作类型，一般设置为 cv2. THRESH_BINARY。

(5)第 5 个参数 blockSize 表示计算阈值的邻近区域的尺寸，一般为大于等于 3 的奇数。

(6)第 6 个参数 C 表示从邻域像素的平均或加权总和中减去的一个常数为阈值。

具体实验代码如下：

```
1| import numpy as np
2| import matplotlib.pyplot as plt
3| import cv2
4| # load image
5| src=cv2.imread('grid.png',0)
6| # Direct global thresholding
7| ret1,dst1=cv2.threshold(src,127,255,
8|                         cv2.THRESH_BINARY)
9| # Otsu's thresholding
```

```
10|  ret2,dst2=cv2.threshold(src,0,255,
11|                          cv2.THRESH_BINARY+ cv2.THRESH_OTSU)
12|  # Adaptive thresholding
13|  dst3=cv2.adaptiveThreshold(src,255,
14|                             cv2.ADAPTIVE_THRESH_GAUSSIAN_C,
15|                             cv2.THRESH_BINARY,15,5)
16|  # 绘图
17|  plt.rcParams['font.sans- serif']='SimHei' # 中文字体
18|  plt.figure(figsize= (8,8))

19|  # 1
20|  plt.subplot(221)
21|  plt.imshow(src,cmap='gray')
22|  plt.xticks([])
23|  plt.yticks([])
24|  plt.title('原始图像')
25|  # 2
26|  plt.subplot(222)
27|  plt.imshow(dst1,cmap='gray')
28|  plt.xticks([])
29|  plt.yticks([])
30|  plt.title('简单全局阈值化')
31|  # 3
32|  plt.subplot(223)
33|  plt.imshow(dst2,cmap='gray')
34|  plt.xticks([])
35|  plt.yticks([])
36|  plt.title('Otsu's 阈值化')
37|  # 4
38|  plt.subplot(224)
39|  plt.imshow(dst3,cmap='gray')
40|  plt.xticks([])
41|  plt.yticks([])
42|  plt.title('自适应阈值化')
```

程序运行后屏幕截图如图 7-1 所示。

原始图像

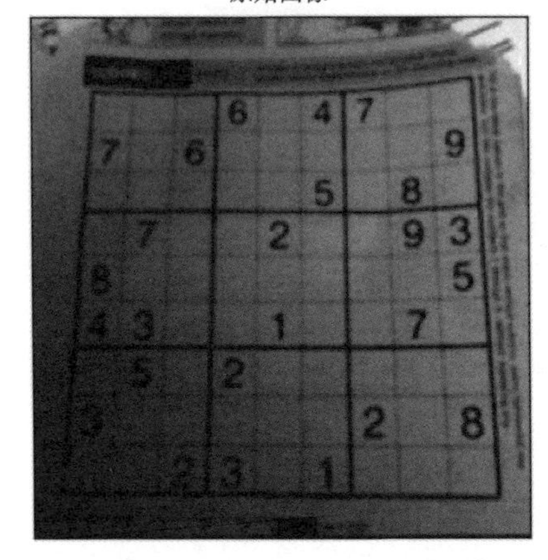

简单全局阈值化

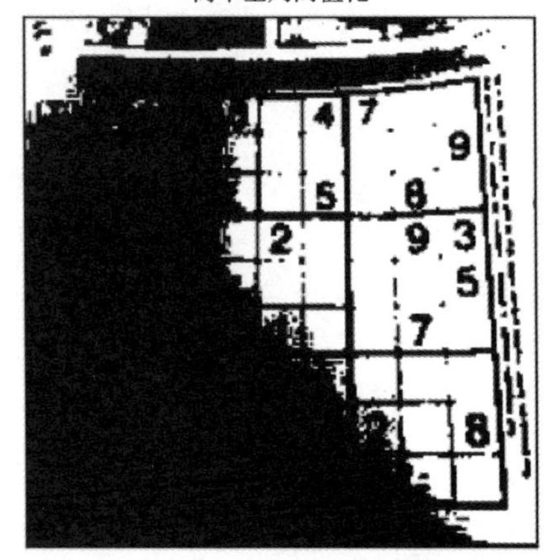

Otsu's阈值化

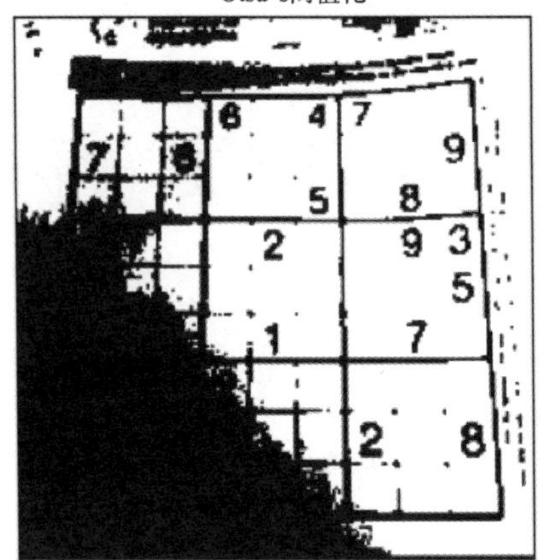

自适应阈值化

图 7-1

实验八　图像卷积

一、实验目标

(1)掌握使用 OpenCV 进行二维图像卷积操作。

(2)掌握并比较平均滤波、高斯滤波和中值滤波操作。

二、实验内容

1. 二维图像卷积

使用 OpenCV 提供的函数 cv2. filter2D 进行二维图像卷积,函数签名和主要参数如下:

```
cv2.filter2D(src,ddepth,kernel,anchor= None,...) -> dst
```

(1)第 1 个参数 src 表示需要进行卷积操作的原始图像。

(2)第 2 个参数 ddepth 表示目标图像的深度值,默认情况下设置为−1,表示与原始图像的深度值一样。

(3)第 3 个参数 kernel 表示卷积核,数据类型为 Numpy 数组。

(4)第 4 个参数 anchor 表示锚点,决定了卷积和相对于生成目标点的位置。锚点用一个 Tuple 类型对象指定,相对于卷积核左上角的坐标,索引从 0 开始。默认值 None 表示锚点在卷积核的中央。

(5)函数的返回值为卷积操作后的目标图像,数据类型为 Numpy 数组。

例如,对图像进行平均滤波,可以构造 5×5 平均滤波卷积核如下:

$$\boldsymbol{K}=\frac{1}{25}\begin{bmatrix}1&1&1&1&1\\1&1&1&1&1\\1&1&1&1&1\\1&1&1&1&1\\1&1&1&1&1\end{bmatrix} \tag{8-1}$$

函数将驱动 5×5 的卷积核以滑动窗口的形式在图像上移动,计算窗口内所有像素的平均值,并替代窗口中心像素的值。重复这一操作,直到图像中所有的像素被处理。

对应的代码如下:

```
1|  import numpy as np
2|  import cv2
3|  src=cv2.imread('sample.png')
4|  kernel=np.ones((5,5),np.float32)/25
5|  dst=cv2.filter2D(src,-1,kernel)
```

2. 平均滤波

将图像与归一化 box 滤波器进行卷积操作，获取卷积核区域下所有像素的平均值，并替换中心元素的值。该功能可以通过 cv2. boxFilter()函数实现，即

```
cv2.boxFilter(src,ddepth,ksize,anchor=None,normalize=None)-> dst
```

使用平均滤波对图像进行模糊处理，该函数使用卷积核 $\boldsymbol{K}$ 和对图像进行二维卷积操作：

$$\boldsymbol{K}=\alpha\begin{bmatrix}1 & 1 & 1 & \cdots & 1 & 1\\ 1 & 1 & 1 & \cdots & 1 & 1\\ \vdots & \vdots & \vdots & \ddots & \vdots & \vdots\\ 1 & 1 & 1 & \cdots & 1 & 1\end{bmatrix} \tag{8-2}$$

其中

$$\alpha=\begin{cases}\dfrac{1}{\text{ksize. width} * \text{ksize. height}} & ,\text{normalize}=\text{true}\\ 1 & ,\text{其他}\end{cases} \tag{8-3}$$

函数的参数信息如下：

(1)第 1 个参数 src 表示输入图像。

(2)第 2 个参数 ddepth 表示输出图像的深度，默认设置为-1，表示与输入函数的深度相同。

(3)第 3 个参数 ksize 表示卷积核的尺寸。

(4)第 4 个参数 anchor 表示卷积核的锚点。默认值 None 表示锚点在窗口的中心。

(5)第 5 个参数 normalize 标志符表示是否对窗口区域进行归一化操作，默认值表示进行规划操作。

(6)返回值 dst 表示模糊操作后的输出图像，尺寸与像素类型和输入图像相同。

3. 高斯滤波

可以通过 cv2. GaussianBlur()函数完成高斯滤波功能，有效从图像中去除高斯噪声，即

```
cv2.GaussianBlur(src,ksize,sigmaX,sigmaY=None)-> dst
```

该函数使用高斯滤波器对图像进行模糊操作，函数的参数信息如下：

(1)第 1 个参数 src 表示输入图像。

(2)第 2 个参数 ksize 表示卷积核的尺寸，数据类型为 Tuple 元组。高斯核的长和宽可以不同，但是它们都必须为正奇数。若高斯核的长和宽被设置为 0，则通过标准差自动计算。

(3)第 3 个参数 sigmaX 表示 x 方向的标准差。

(4)第 4 个参数 sigmaY 表示 y 方向的标准差。如果 sigmaY 被设置为 None 或 0，那么它

的值将等于 sigmaX。如果 sigmaX 和 sigmaY 都被设置为 None 或 0，则通过高斯核的长和宽自动计算 sigmaX 和 sigmaY 的值。

(5)返回值 dst 表示模糊操作后的输出图像，尺寸与像素类型和输入图像相同。

4. 中值滤波

函数 cv2. medianBlur()可提取内核区域下所有像素的中值，并将中心元素替换为该中值，该功能对于消除图像中的椒盐噪声非常有效。在中值模糊中，中心元素总是被图像中的某些像素值代替，可以有效降低噪音，其内核大小应为正奇数整数。

```
cv2.medianBlur(src,ksize)-> dst
```

该函数使用尺寸为 ksize×ksize 的中值滤波器对图像进行模糊操作，函数的参数信息如下：

(1)第 1 个参数 src 表示输入图像。

(2)第 2 个参数 ksize 表示中值滤波器的尺寸，其数据类型为标量，数值应是大于零的奇数。

在实验中，向原始图像添加了标准差为 10 的噪声并应用了均值滤波、高斯滤波、和中值滤波。

具体实验代码如下：

```
1| import cv2
2| import numpy as np
3| from matplotlib import pyplot as plt
4| # 增加噪音
5| src=cv2.imread('lenna.png')
6| src=src+np.random.normal(0,10,src.shape)
7| src=src.clip(0,255).astype(np.uint8)
8| # 绘图
9| plt.rcParams['font.sans- serif']='SimHei' # 中文字体
10| plt.figure(figsize= (8,8))
11| # 原始图像
12| plt.subplot(221)
13| plt.imshow(src[:,:,::- 1])
14| plt.xticks([])
15| plt.yticks([])
16| plt.title('原始图像')
17| # 平均滤波
18| plt.subplot(222)
19| dst1=cv2.boxFilter(src,-1,(5,5))
20| plt.imshow(dst1[:,:,::-1])
21| plt.xticks([])
22| plt.yticks([])
23| plt.title('均值滤波')
24| # 高斯滤波
25| plt.subplot(223)
26| dst2=cv2.GaussianBlur(src,(5,5),-1)
```

```
27| plt.imshow(dst2[:,:,::- 1])
28| plt.xticks([])
29| plt.yticks([])
30| plt.title('高斯滤波')
31| # 中值滤波
32| plt.subplot(224)
33| dst3=cv2.medianBlur(src,5)
34| plt.imshow(dst3[:,:,::- 1])
35| plt.xticks([])
36| plt.yticks([])
37| plt.title('中值滤波')
```

第 6 行代码 src＝src ＋ np. random. normal(0,10,src. shape)生成均值为零标准差为 10 的高斯噪音,并将它叠加在原始图像上。

第 7 行代码 src＝src. clip(0,255). astype(np. uint8)将图像像素的数值截断在 0～255 范围内,并将图像深度转化为 uint8(就是 8 位的整形)格式。

程序运行结果的屏幕截图如图 8-1 所示。

原始图像

均值滤波

高斯滤波

中值滤波

图 8-1

实验九　图像梯度

一、实验目标

(1)掌握使用 OpenCV 计算图像的梯度。

(2)掌握通过拉普拉斯(Laplacian)算子提取图像边缘。

(3)掌握 Canny 边缘检测算法的使用。

(4)掌握通过拉普拉斯金字塔提取多分辨率的图像边缘。

二、实验内容

1. Sobel 和 Scharr 算子

Sobel 算子是高斯平滑运算加微分运算的联合运算,因此它可以抗噪声、计算图像的导数信息。可以通过参数 dx 和 dy 设置图像求导操作的方向和阶数。

```
cv2.Sobel(src,ddepth,dx,dy,ksize=None,scale=None,delta=None)-> dst
```

函数的参数信息如下:

(1)第 1 个参数 src 表示输入原始图像。

(2)第 2 个参数 ddepth 表示输出图像的深度。如果深度为 np. uint8,那么精度将会被截断。从黑色到白色的过渡被视为正斜率(具有正值),而从白色到黑色的过渡被视为负斜率(具有负值)。当输出图像的深度为 np. uint8(即 8 位无符号整形)时,所有负斜率均设为零。简而言之,一部分边缘信息将被忽略。如果要检测正负两个方向边缘,更好的选择是将输出数据类型保留正负符号信息,如 cv2. CV_16S,cv2. CV_64F 等。

(3)第 3 个参数 dx 表示 x 方向求导的阶数。

(4)第 4 个参数 dy 表示 y 方向求导的阶数。

(5)第 5 个参数 ksize 表示扩展 Sobel 内核的尺寸,其数值必须为 1,3,5 或 7。

(6)返回值 dst 表示求导操作后的输出图像。

该函数使用扩展 Sobel 算子计算一阶、二阶、三阶或混合阶图像导数。函数通过对应的卷积核计算图像的积分。

$$\text{dst} = \frac{\partial^{xorder+yorder}}{\partial x^{xorder} \partial y^{yorder}} \text{src} \tag{9-1}$$

ksize×ksize 的内核被用来计算图像的倒数。当 ksize=1 时，3×1 或 1×3 尺寸的内核被使用，不包含高斯核。ksize=1 只能够被用于 x 或 y 方向的一阶或二阶的求导。当 ksize=#FILTER_SCHARR (−1)这个特殊的值时，将使用 3×3 Scharr 算子，它的计算结果比 3×3 Sobel 算子的更精确。
Scharr 卷积核被定义为

$$\boldsymbol{K}=\begin{bmatrix}-3 & 0 & 3\\ -10 & 0 & 10\\ -3 & 0 & 3\end{bmatrix} \tag{9-2}$$

2. Laplacian 算子

```
cv2.Laplacian(src,ddepth,ksize=None,...)-> dst
```

(1)第 1 个参数 src 表示输入原始图像。

(2)第 2 个参数 ddepth 表示输出图像的深度。

(3)第 3 个参数 ksize 表示扩展 Sobel 内核的尺寸，其数值必须为正奇数。

(4)返回值 dst 表示 Laplacian 操作后的输出图像。

这个函数对输入图像进行 Laplacian 运算，当 ksize > 1 时，使用 Sobel 算子对图像 x 和 y 方向的二阶微分求导结果相加。

$$\Delta \mathrm{src}=\frac{\partial^2 \mathrm{src}}{\partial x^2}+\frac{\partial^2 \mathrm{src}}{\partial y^2} \tag{9-3}$$

当 ksize==1 时，使用以下卷积核用于图像过滤：

$$\boldsymbol{K}=\begin{bmatrix}0 & 1 & 0\\ 1 & -4 & 1\\ 0 & 1 & 0\end{bmatrix} \tag{9-4}$$

下面的代码使用 Sobel 和 Laplacian 算子计算图像梯度，所有卷积核的大小都是 5×5。

具体实验代码如下：

```
1|  import numpy as np
2|  import cv2
3|  import matplotlib.pyplot as plt
4|  # 读入原始图像
5|  img= cv2.imread('lenna.png',0)
6|  # 绘图
7|  plt.rcParams['font.sans- serif']= 'SimHei' # 中文字体
8|  plt.figure(figsize= (8,8))
9|  # 原始图像
10|  plt.subplot(2,2,1)
11|  plt.imshow(img,cmap= 'gray')
12|  plt.title('原始图像')
```

```
13| plt.xticks([])
14| plt.yticks([])
15| # 拉普拉斯操作
16| laplacian= cv2.Laplacian(img,cv2.CV_64F)
17| plt.subplot(2,2,2)
18| plt.imshow(laplacian,cmap= 'gray')
19| plt.title('Laplacian算子')
20| plt.xticks([])
21| plt.yticks([])
22| # Sobel X
23| sobelx= cv2.Sobel(img,cv2.CV_64F,1,0,ksize= 5)
24| plt.subplot(2,2,3)
25| plt.imshow(sobelx,cmap= 'gray')
26| plt.title('SobelX算子')
27| plt.xticks([])
28| plt.yticks([])
29| # Sobel Y
30| sobely= cv2.Sobel(img,cv2.CV_64F,0,1,ksize= 5)
31| plt.subplot(2,2,4)
32| plt.imshow(sobely,cmap= 'gray')
33| plt.title('SobelY算子')
34| plt.xticks([])
35| plt.yticks([])
36| plt.show()
```

程序运行结果的屏幕截图如图 9-1 所示。

图 9-1

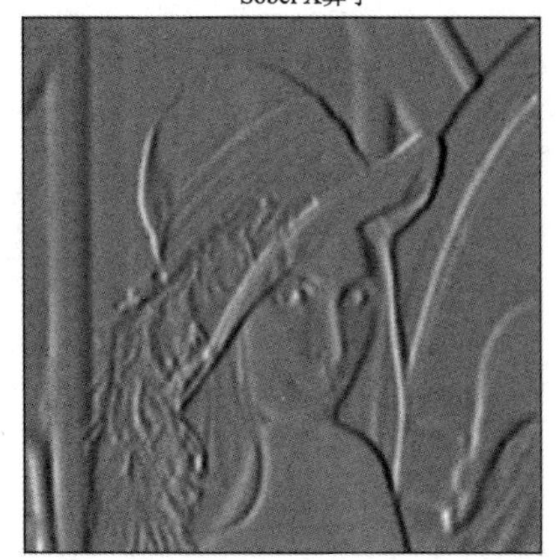

续图 9-1

3. Canny 边缘检测

Canny 边缘检测是一种流行的边缘检测算法。由于边缘检测容易受到图像中噪声的影响，因此第一步是使用 5×5 高斯滤波器消除图像中的噪声。然后使用 Sobel 核在水平和垂直方向上对平滑的图像进行滤波，以在水平方向(G_x)和垂直方向(G_y)上获得一阶导数，可以找到每个像素的边缘渐变强度和方向，如下所示。

$$\text{Edge\_Gradient}(G) = \sqrt{G_x^2 + G_y^2} \tag{9-5}$$

$$\text{Angle}(\theta) = \tan^{-1}\left(\frac{G_y}{G_x}\right) \tag{9-6}$$

渐变方向始终垂直于边缘。将梯度方向离散化为 4 个方向之一，即垂直、水平和两个对角线共 4 个方向。

在获得梯度大小和方向后，将对图像进行全面扫描，以去除可能不构成边缘的所有不需要的像素。为此，在每个像素处，检查像素是否是其在梯度方向上附近的局部最大值。

接着确定哪些边缘全部是真正的边缘。为此，需要两个阈值 minVal 和 maxVal。强度梯度大于 maxVal 的任何边缘必定是边缘，而小于 minVal 的那些边缘必定是非边缘，并被丢弃。介于这两个阈值之间的对象根据其连通性被分类为边缘或非边缘。如果将它们连接到“边缘”像素，则将它们视为边缘的一部分。否则，它们也将被丢弃。

```
cv2.Canny(image,threshold1,threshold2,L2gradient= None,...) -> edges
```

该函数使用 Canny 算法在图像中寻找边缘，并在输出图像中将找到的边缘标记出来。具体参数信息如下：

(1)第 1 个参数 image 表示 8 位的输入图像。

(2)第 2 个参数 threshold1 表示算法的第 1 个阈值。

(3)第 3 个参数 threshold2 表示算法的第 2 个阈值。

(4)第 4 个参数 L2gradient 标志位用于指示是否采用更精确的公式计算模量。如果

L2gradient=true,使用公式 $L_2=\sqrt{G_x^2+G_y^2}$ 计算梯度量级 Edge_Gradient;否则,使用效率更高的公式 $L_1=|G_x|+|G_y|$ 计算梯度量级 Edge_Gradient。默认情况下,该标志位为 False。

(5)返回值 edges 表示输出的边缘图,是单通道 8 位图像,与输入图像的尺寸相同。

具体实验代码如下:

```
1| import numpy as np
2| import cv2
3| from matplotlib import pyplot as plt
4| img=cv2.imread('lenna.png',0)
5| edges=cv2.Canny(img,100,200)
6| # 绘图
7| plt.rcParams['font.sans- serif']='SimHei' # 中文字体
8| plt.figure(1,figsize=(10,5))
9| # 1
10| plt.subplot(121)
11| plt.imshow(img,cmap='gray')
12| plt.title('原始图像')
13| plt.xticks([])
14| plt.yticks([])
15| # 2
16| plt.subplot(122)
17| plt.imshow(edges,cmap='gray')
18| plt.title('Canny算子')
19| plt.xticks([])
20| plt.yticks([])
21| plt.show()
```

程序运行结果的屏幕截图如图 9-2 所示。

图 9-2

4. 图像金字塔

在某些情况下，我们需要使用同一图像的一系列不同分辨率的版本。这些具有不同分辨率的图像集称为“图像金字塔”。

有高斯金字塔和拉普拉斯金字塔两种图像金字塔 。

1)高斯金字塔

高斯金字塔中的较高级别(低分辨率)是通过删除较低级别(较高分辨率)图像中的连续行和列而形成的。cv2.pyrDown()函数进行下采样后，尺寸为 M×N 的图像会变成尺寸为(M/2)×(N/2)的图像，面积减少到原始面积的 1/4。在向上采样时使用 cv2.pyrUp()函数，每个级别的面积扩充为原来的 4 倍，扩充后的图像会变得模糊。

2)拉普拉斯金字塔

拉普拉斯金字塔是在高斯金字塔的基础上计算得到。具体而言，拉普拉斯金字塔图像为两级相邻图像的差分结果(差分前通过 cv2.pyrUp()函数上采样，使相邻级别图像尺寸相同)。拉普拉斯金字塔的大多数元素为零，它常被用于图像压缩。

实验代码如下：

```
 1|  import numpy as np
 2|  import matplotlib.pyplot as plt
 3|  import cv2
 4|  # load image and resize
 5|  src=cv2.imread('lenna.png',0)
 6|  src=cv2.resize(src,(256,256))
 7|  # 生成并显示 src 的高斯金字塔
 8|  plt.figure(1,figsize=(10,10))
 9|  G=src.copy()
10|  gs_pyr=[G]
11|  for i in range(4):
12|      G=cv2.pyrDown(G)
13|      gs_pyr.append(G)
14|      plt.subplot(2,2,i+1)
15|      plt.xticks([])
16|      plt.yticks([])
17|      plt.imshow(G,cmap='gray')
18|  # 生成并显示 src 的拉普拉斯金字塔
19|  plt.figure(2,figsize=(10,10))
20|  lp_pyr=[gs_pyr[4]]
21|  for i in range(4,0,-1):
22|      GE=cv2.pyrUp(gs_pyr[i])
```

```
23|        L=gs_pyr[i-1]-GE
24|        lp_pyr.append(L)
25|        if i>0:
26|            plt.subplot(2,2,i)
27|            plt.xticks([])
28|            plt.yticks([])
29|            plt.imshow(L,cmap='gray')
```

程序运行结果的屏幕截图如图 9-3、图 9-4 所示，其中图 9-3 为高斯金字塔，图 9-4 为拉普拉斯金字塔。

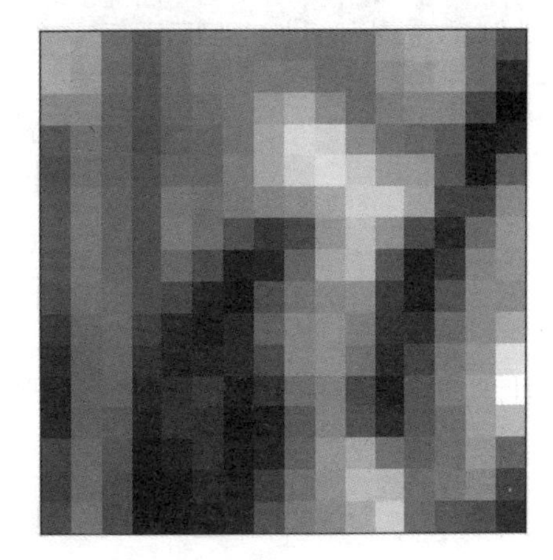

图 9-3

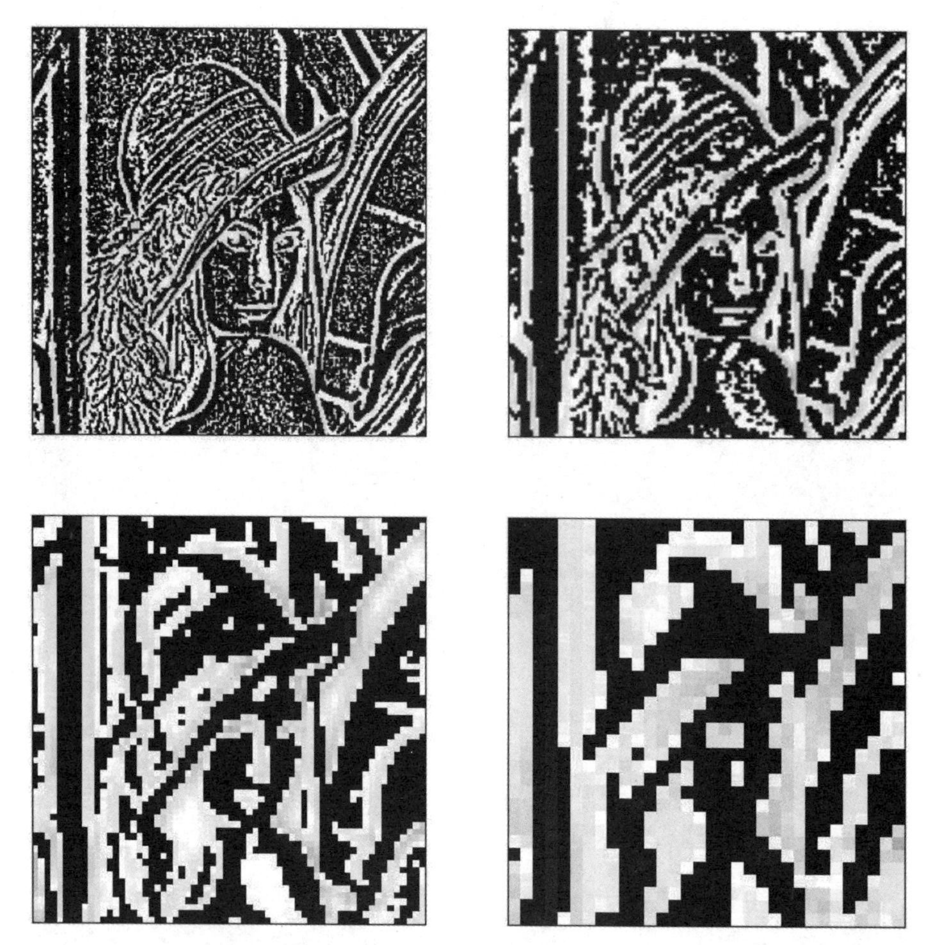

图 9-4

实验十　傅里叶变换

一、实验目标

(1)掌握数字图像的傅里叶变换方法。

(2)使用傅里叶变换,对图像分别进行高通滤波和低通滤波。

二、实验内容

1.傅里叶变换

傅里叶变换用于分析各种滤波器的频率特性。可以使用2D离散傅里叶变换(DFT)查找图像的频域。快速傅里叶变换(FFT)算法可以快速计算DFT。

对于正弦信号 $x(t)=A\sin(2\pi f)$,可以在信号的频率 f 中看到尖峰。如果对信号进行采样形成离散信号,将获得相同的频域,在$[-\pi,\pi]$或$[0,2\pi]$范围内是周期性的。可以将图像视为在两个方向上采样的信号。在 x 和 y 方向都进行傅里叶变换,可以得到图像的频率表示。

对于正弦信号,如果幅度在短时间内快速变化,则是高频信号;如果变化缓慢,则为低频信号。边缘和噪声是图像中的高频内容;如果幅度没有太大变化,则它是低频分量。

使用Numpy查找傅里叶变换。np.fft.fft2()函数提供了二维图像的频率转换功能。

np.fft.fft2()函数的第1个参数是输入的原始图像,需为灰度图像。第2个参数是可选的,它决定输出数组的大小。如果它大于输入图像的大小,则在计算FFT之前用零填充输入图像;如果小于输入图像,将裁切输入图像;如果未传递任何参数,则输出数组的大小将与输入的大小相同。

获得结果后,零频率分量(DC分量)位于左上角。如果要使其居中,则需要在两个方向上将结果都移动 $N/2$。通过函数 np.fft.fftshift()可完成该操作。

实验程序的代码如下:

```
1|  import cv2
2|  import numpy as np
3|  import matplotlib.pyplot as plt
4|  # 载入图像
5|  img=cv2.imread('lenna.png',0)
6|  # 快速傅里叶变换
```

```
 7| f=np.fft.fft2(img)
 8| # 将零频率分量移到频谱的中心
 9| fshift=np.fft.fftshift(f)
10| # 计算频谱幅度图
11| magnitude_spectrum=20* np.log(np.abs(fshift))
12| # 绘图
13| plt.rcParams['font.sans- serif']='SimHei' # 中文字体
14| plt.figure(1,figsize= (10,5))
15| # 显示原始图像
16| plt.subplot(121)
17| plt.imshow(img,cmap='gray')
18| plt.title('原始图像')
19| plt.xticks([])
20| plt.yticks([])
21| # 显示频谱幅度图
22| plt.subplot(122)
23| plt.imshow(magnitude_spectrum,cmap='gray')
24| plt.title('频域')
25| plt.xticks([])
26| plt.yticks([])
27| plt.show()
```

程序运行结果的屏幕截图如图 10-1 所示。

图 10-1

2. 高通滤波

在中心看到更多白色区域，这表明低频内容更多。首先，可以在频域中进行一些操作，如高通滤波；然后，逆 DFT 重建图像，需用尺寸为 60×60 的矩形窗口遮罩即可过滤低频部分信息；接着，使用 np.fft.ifftshift()函数反向移位，使得 DC 分量再次出现在左上角；最后，使用 np.ifft2()函数实现逆 FFT 图像重建。结果将是一个复数矩阵，可以使用 np.reah()函数将其转换为实数。

实验程序的代码如下：

```
1| import cv2
2| import numpy as np
3| import matplotlib.pyplot as plt
4| # 载入图像
5| img=cv2.imread('lenna.png',0)
6| # 快速傅里叶变换
7| f=np.fft.fft2(img)
8| # 将零频率分量移到频谱的中心
9| fshift=np.fft.fftshift(f)
10| # 过滤低频部分信息
11| rows,cols=img.shape
12| crow,ccol=rows//2,cols//2
13| fshift[crow-30:crow+31,ccol-30:ccol+31]=0
14| # 反向移位
15| f_ishift=np.fft.ifftshift(fshift)
16| # 逆 FFT 图像重建
17| img_back=np.fft.ifft2(f_ishift)
18| img_back=np.real(img_back)
19| # 绘图
20| plt.rcParams['font.sans- serif']='SimHei' # 中文字体
21| plt.figure(1,figsize= (10,5))
22| # 显示原始图像
23| plt.subplot(121)
24| plt.imshow(img,cmap='gray')
25| plt.title('原始图像')
26| plt.xticks([])
27| plt.yticks([])
28| # 显示重建图像
29| plt.subplot(122)
30| plt.imshow(img_back,cmap='gray')
31| plt.title('HPF 操作后')
32| plt.xticks([])
33| plt.yticks([])
34| plt.show()
```

程序运行结果的屏幕截图如图 10-2 所示。

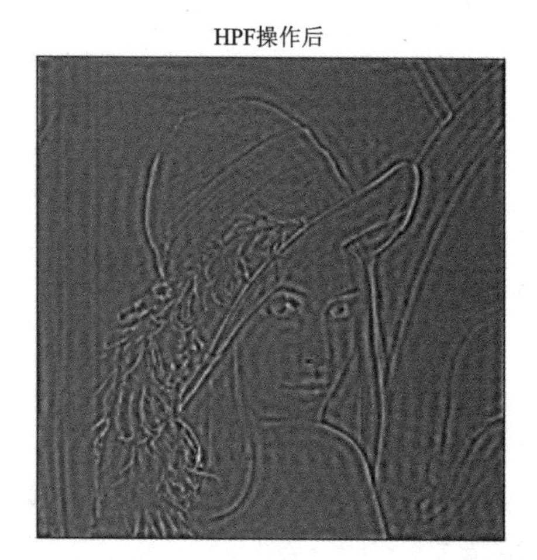

图 10-2

结果表明高通滤波是边缘检测操作，也表明大多数图像数据都存在于频谱的低频区域。仔细观察结果，看到重建图像中存在一些伪影，呈现为波纹状结构，被称为振铃效应。由于被遮盖的区域为矩形，逆 FFT 运算后该区域被转化为正弦振铃形状。因此，矩形窗口不适合用于过滤，最好选择使用高斯窗口。

3. 低通滤波

OpenCV 提供了 cv2. dft()和 cv2. idft()函数。它的返回结果包含两个通道：第一个通道是结果的实部，第二个通道是结果的虚部。要调用这些函数，输入原始图像的深度应首先应转换为 np. float32 类型。

通常，OpenCV 函数 cv2. dft()和 cv2. idft()比 Numpy 对应的函数更快。但是 Numpy 函数更容易使用。

在接下来的实验中进行 DFT 的逆变换。创建一个模版，将低频区域设置为 1，高频区域设置为 0。通过这种方式删除图像中的高频内容，实际上它的效果是模糊了图像。需要注意的是，在程序第 17 行，我们用高斯模糊滤波运算对掩码中的边缘进行了模糊处理，从而有效消除了重构图像中的振铃效应。

实验程序的代码如下：

```
1| import numpy as np
2| import cv2
3| from matplotlib import pyplot as plt
4| # 载入图像
5| img=cv2.imread('lenna.png',0)
6| # 快速傅里叶变换
7| dft=cv2.dft(np.float32(img), flags=cv2.DFT_COMPLEX_OUTPUT)
```

```
8| # 将零频率分量移到频谱的中心
9| dft_shift=np.fft.fftshift(dft)
10| # 过滤低频部分信息
11| rows, cols=img.shape
12| crow, ccol=rows//2 , cols//2
13| # 创建一个掩码,中心正方形为 1,其余全为零
14| mask=np.zeros((rows,cols,2),np.float64)
15| mask[crow-30:crow+30,ccol-30:ccol+30]=1
16| # 高斯模糊
17| mask=cv2.GaussianBlur(mask, (51,51), -1)
18| # 应用掩码和逆 DFT
19| fshift=dft_shift*mask
20| # 反向移位
21| f_ishift=np.fft.ifftshift(fshift)
22| # 逆 FFT 图像重建
23| img_back=cv2.idft(f_ishift)
24| img_back=cv2.magnitude(img_back[:,:,0],img_back[:,:,1])
25| # 绘图
26| plt.rcParams['font.sans-serif']='SimHei' # 中文字体
27| plt.figure(1, figsize= (10,5))
28| # 显示原始图像
29| plt.subplot(121)
30| plt.imshow(img, cmap='gray')
31| plt.title('原始图像')
32| plt.xticks([])
33| plt.yticks([])
34| # 显示重建图像
35| plt.subplot(122)
36| plt.imshow(img_back, cmap='gray')
37| plt.title('HPF 操作后')
38| plt.xticks([])
39| plt.yticks([])
40| plt.show()
```

程序运行结果的屏幕截图如图 10-3 所示。

图 10-3

实验十一　形态学转换

一、实验目标

(1)掌握基本的形态学操作,如侵蚀、扩张、开运算、闭运算等。

(2)掌握使用形态学操作消除二值图像中的噪音。

(3)掌握构造不同形状的形态学结构元素。

二、实验内容

形态学转换是针对图像形状的运算操作,通常在黑白二值图像上执行。它需要两个输入,一个是我们的原始图像,另一个是决定操作性质的结构元素或内核。常见的形态学转换如下。

1. 侵蚀

侵蚀的基本思想是通过卷积操作侵蚀前景物体的边界。在二维图像卷积操作中,内核以滑动窗口的方式移动通过整幅图像。只有当内核覆盖区域内所有像素都是1时,原始图像中对应的像素才被赋值为1,否则它就会被侵蚀(赋值为0)。

该操作执行的结果是根据内核的大小,边界附近的所有像素都会被丢弃。因此,前景物体的厚度减小,或者图像中的白色区域减小。该操作有助于去除小的白色噪声,或者分离两个连接的对象等。

在这个程序中,将使用一个5×5内核,它所有元素的值为1。

程序代码如下:

```
1| import cv2
2| import numpy as np
3| import matplotlib.pyplot as plt
4| # 载入原始图像
5| src=cv2.imread('j.png',0)
6| # 添加噪音
7| noise=np.random.randint(100, size=src.shape)
8| src[noise>97]=255
```

```
9|  # 绘图
10|  plt.rcParams['font.sans-serif']='SimHei' #  中文字体
11|  # 显示原始图像
12|  plt.subplot(121)
13|  plt.imshow(src, cmap='gray')
14|  plt.xticks([])
15|  plt.yticks([])
16|  plt.title('原始图像')
17|  # 执行侵蚀操作
18|  K=np.ones((5,5), np.uint8)
19|  dst=cv2.erode(src, K, iterations=1)
20|  # 显示目标图像
21|  plt.subplot(122)
22|  plt.imshow(dst,cmap='gray')
23|  plt.xticks([])
24|  plt.yticks([])
25|  plt.title('侵蚀操作')
26|  plt.show()
```

程序运行结果的屏幕截图如图 11-1 所示。

图 11-1

2. 扩张

扩张与侵蚀正好相反。如果内核覆盖区域内至少有一个像素为“1”,则图像上对应像素被赋值为“1”,否则被赋值为“0”。因此,它会增加图像中的白色区域或增加前景对象的大小。

程序代码如下:

```
1| import cv2
2| import numpy as np
3| import matplotlib.pyplot as plt
4| # 载入原始图像
5| src=cv2.imread('j.png',0)
6| # 绘图
7| plt.rcParams['font.sans-serif']='SimHei' # 中文字体
8| # 显示原始图像
9| plt.subplot(121)
10| plt.imshow(src, cmap='gray')
11| plt.xticks([])
12| plt.yticks([])
13| plt.title('原始图像')
14| # 执行扩张操作
15| K=np.ones((5,5), np.uint8)
16| dst=cv2.dilate(src, K, iterations=1)
17| # 显示目标图像
18| plt.subplot(122)
19| plt.imshow(dst, cmap='gray')
20| plt.xticks([])
21| plt.yticks([])
22| plt.title('扩张操作')
23| plt.show()
```

程序运行结果的屏幕截图如图 11-2 所示。

图 11-2

3. 开运算

开运算指的是侵蚀然后扩张，对于消除噪音很有用。在这里，我们使用函数 cv2.morphologyEx()。

```
dst=cv2.morphologyEx(src,cv2.MORPH_OPEN,K)
```

为了消除图像中的噪音，我们通常先执行侵蚀操作，然后执行扩张操作。侵蚀操作缩小前景物体，并且让噪音消失；扩张操作，让前景物体的形状恢复原样。

程序代码如下：

```
1| import cv2
2| import numpy as np
3| import matplotlib.pyplot as plt
4| # 载入原始图像
5| src=cv2.imread('j.png',0)
6| # 添加噪音
7| noise=np.random.randint(100, size=src.shape)
8| src[noise>90]=255
9| # 绘图
10| plt.rcParams['font.sans- serif']='SimHei' # 中文字体
11| # 显示原始图像
12| plt.subplot(121)
13| plt.imshow(src,cmap='gray')
14| plt.xticks([])
15| plt.yticks([])
16| plt.title('原始图像')
17| # 定义卷积核
18| K=np.ones((5,5), np.uint8)
19| # 开运算:先侵蚀后扩张
20| dst=cv2.erode(src,K,iterations=1)
21| dst=cv2.dilate(dst,K,iterations=1)
22| # 开运算:18-19行的等效代码
23| dst=cv2.morphologyEx(src,cv2.MORPH_OPEN,K)
24| # 显示目标图像
25| plt.subplot(122)
26| plt.imshow(dst,cmap='gray')
27| plt.xticks([])
28| plt.yticks([])
29| plt.title('开运算')
30| plt.show()
```

程序运行结果的屏幕截图如图 11-3 所示。

图 11-3

4. 闭运算

闭运算与开运算相反，先扩张然后再侵蚀。在关闭前景对象内部的小孔或对象上的小黑点时很有用。

```
dst=cv2.morphologyEx(src,cv2.MORPH_CLOSE,K)
```

下面的实验程序将展示如何关闭前景物体上的黑点，程序代码如下：

```
1|  import cv2
2|  import numpy as np
3|  import matplotlib.pyplot as plt
4|  # 载入原始图像
5|  src=cv2.imread('j.png',0)
6|  # 添加噪音
7|  noise=np.random.randint(100, size=src.shape)
8|  src[noise>80]=0
9|  # 绘图
10|  plt.rcParams['font.sans-serif']='SimHei' # 中文字体
11|  # 显示原始图像
12|  plt.subplot(121)
13|  plt.imshow(src, cmap='gray')
14|  plt.xticks([])
15|  plt.yticks([])
16|  plt.title('原始图像')
17|  # 定义卷积核
18|  K=np.ones((5,5), np.uint8)
19|  # 闭运算:先扩张后腐蚀
```

```
20| dst=cv2.dilate(src,K,iterations=1)
21| dst=cv2.erode(dst,K,iterations=1)
22| # 闭运算:18-19行的等效代码
23| dst=cv2.morphologyEx(src, cv2.MORPH_CLOSE,K)
24| # 显示目标图像
25| plt.subplot(122)
26| plt.imshow(dst,cmap='gray')
27| plt.xticks([])
28| plt.yticks([])
29| plt.title('闭运算')
30| plt.show()
```

程序运行结果的屏幕截图如图 11-4 所示。

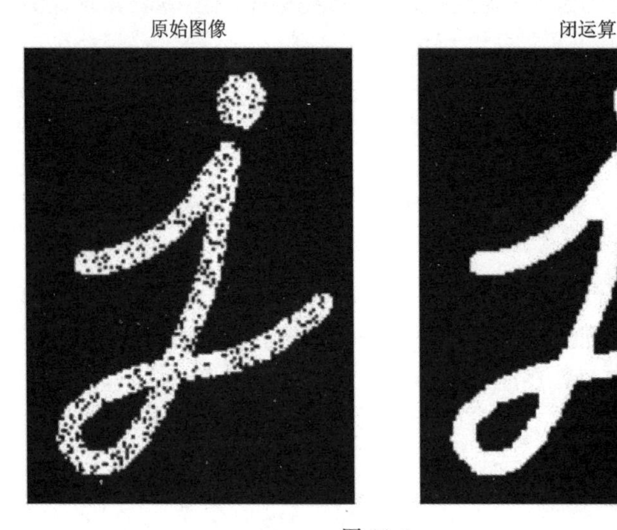

图 11-4

5. 结构元素

在前面的实验中,我们手动创建了矩形的结构元素作为卷积核。但是在某些情况下,可能需要椭圆形或圆形的卷积核。因此,OpenCV 提供了一个函数 cv2. getStructuringElement(),只需传递内核的形状和大小,即可获得所需的内核。

在这个实验程序中,我们将使用一系列 11×11 卷积核,程序代码如下:

```
1| import cv2
2| import numpy as np
3| import matplotlib.pyplot as plt
4| # 绘图
5| plt.rcParams['font.sans-serif']='SimHei' # 中文字体
6| plt.figure(figsize=(10,5))
7| # 创建矩形内核
```

```
8|  K1=cv2.getStructuringElement(cv2.MORPH_RECT,(11,11))
9|  # 显示 K1
10|  plt.subplot(131)
11|  plt.imshow(K1,cmap='gray', vmin=0, vmax=1)
12|  plt.title('矩形')
13|  # 创建椭圆内核
14|  K2=cv2.getStructuringElement(cv2.MORPH_ELLIPSE,(11,11))
15|  # 显示 K2
16|  plt.subplot(132)
17|  plt.imshow(K2,cmap='gray',vmin=0,vmax=1)
18|  plt.title('椭圆')
19|  # 创建十字内核
20|  K3=cv2.getStructuringElement(cv2.MORPH_CROSS,(11,11))
21|  # 显示 K3
22|  plt.subplot(133)
23|  plt.imshow(K3,cmap='gray',vmin=0,vmax=1)
24|  plt.title('十字架')
25|  plt.show()
```

程序运行结果的屏幕截图如图 11-5 所示。

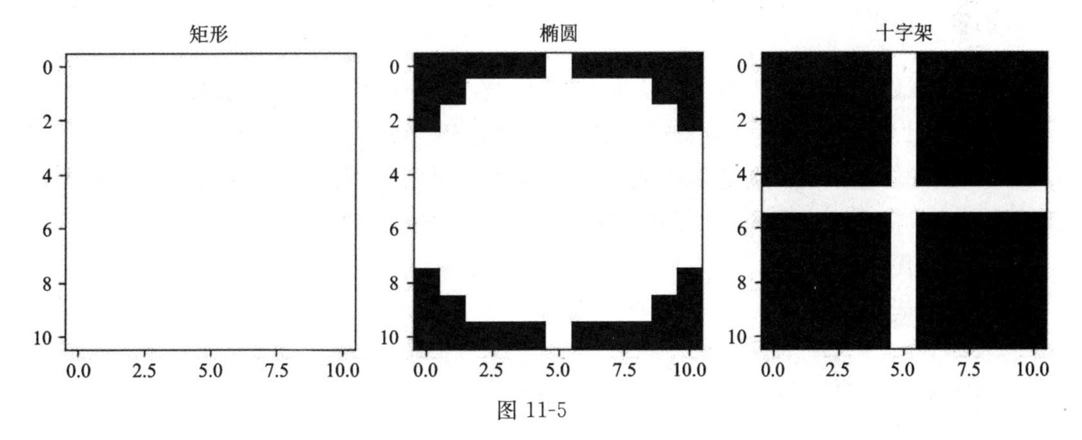

图 11-5

实验十二　图像分割

一、实验目标

掌握通过分水岭算法对图像中的一系列物体进行有效分割。

二、实验内容

分水岭(Watershed)分割算法的思路如下:灰度图像可以被看作是一个地形图,其中高强度表示山峰,低强度表示山谷。用不同颜色的水填充每个孤立的山谷(局部最小值)。随着水位的上升,来自不同山谷的水会开始合并,颜色也不同。要在水融合的地方建造屏障,避免颜色的混合。继续这一操作,直到所有的山峰都在水下,最后返回分割结果。

1. 图像二值化

首先,载入图像。画面中有一些硬币,彼此接触,需要将硬币区域分割出来。

然后,使用 Otsu 的二值化分割算法,找到合适的阈值,将前景和背景分离。

最后,去除图像中的白点噪声:要去除前景对象中黑色的小孔,可以使用形态学的扩张算法;要除去背景图像上白色的杂点,可以使用形态学的侵蚀算法。

具体实验代码如下:

```
1| import numpy as np
2| import cv2
3| from matplotlib import pyplot as plt
4| # 载入图像
5| src=cv2.imread('coins.jpg')
6| # 转换为灰度图像
7| gray=cv2.cvtColor(src,cv2.COLOR_BGR2GRAY)
8| # OTSU 计算阈值并二值化
9| ret, thresh=cv2.threshold(gray,0,255,
10|                              cv2.THRESH_BINARY_INV+cv2.THRESH_OTSU)
11| # 噪声去除
12| K=np.ones((3,3),np.uint8)
13| thresh=cv2.morphologyEx(thresh,cv2.MORPH_OPEN, K,iterations=2)
14| # 绘图
```

```
15| plt.rcParams['font.sans-serif']='SimHei' # 中文字体
16| plt.figure(1,figsize=(10,5))
17| # 显示原始图像
18| plt.subplot(121)
19| plt.imshow(src[:,:,::-1])
20| plt.xticks([])
21| plt.yticks([])
22| plt.title('原始图像')
23| # 显示二值化结果
24| plt.subplot(122)
25| plt.imshow(thresh,cmap='gray')
26| plt.xticks([])
27| plt.yticks([])
28| plt.title(f'阈值={ret}')
29| plt.show()
```

程序运行结果的屏幕截图如图 12-1 所示。

图 12-1

2. 确定图像区域

需要在图像中找到背景区域、前景区域和未知区域。靠近对象中心的区域是前景，远离对象中心的区域是背景，未知区域是硬币的边界区域。

实验代码如下：

```
1| # 确定背景区域
2| sure_bg=cv2.dilate(thresh,K,iterations=3)
3| # 确定前景区域
4| dist_transform=cv2.distanceTransform(thresh,cv2.DIST_L2,5)
5| ret,sure_fg=cv2.threshold(dist_transform,0.7*dist_transform.max(),255,0)
6| # 确定未知区域
```

```
7|  sure_fg=np.uint8(sure_fg)
8|  unknown=cv2.subtract(sure_bg,sure_fg)
9|  # 绘图
10|  plt.rcParams['font.sans-serif']='SimHei' # 中文字体
11|  plt.figure(2, figsize=(10,5))
12|  # 显示距离图
13|  plt.subplot(121)
14|  plt.imshow(dist_transform,cmap='gray')
15|  plt.xticks([])
16|  plt.yticks([])
17|  plt.title('距离图(Distance Map)')
18|  # 显示二值化结果
19|  plt.subplot(122)
20|  plt.imshow(sure_fg,cmap='gray')
21|  plt.xticks([])
22|  plt.yticks([])
23|  plt.title(f'种子(Seeds)')
24|  plt.show()
```

首先，需要找到图像中的背景区域，即非硬币区域。为了达到这个目的，采用形态学的扩张算法将对象边界扩张到背景区域，这样就可以确保估计到的背景中没有前景物体。

然后，需要在阈值图像中找到硬币对象的前景区域。代码第 4 行，使用 cv2.distanceTransform 函数，计算阈值分割区域的距离图。

代码第 5 行，使用 0.7 * dist_transform.max()为阈值进行二值化，缩小前景区域的范围，从而确保该区域内没有背景。

最后，剩下的区域是未知区域，可能是硬币，也可能是背景。分水岭算法有助于判定未知区域究竟属于哪个类别。这些区域通常位于前景和背景或两个不同硬币的边界附近。可以通过从 sure_bg 区域中减去 sure_fg 区域获得未知区域。

程序运行结果的屏幕截图如图 12-2 所示。

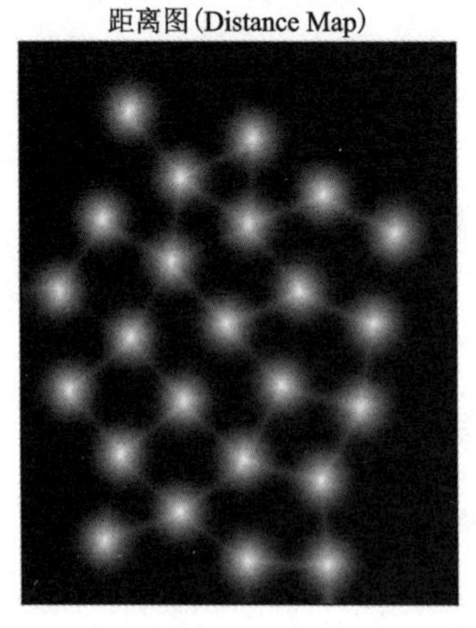

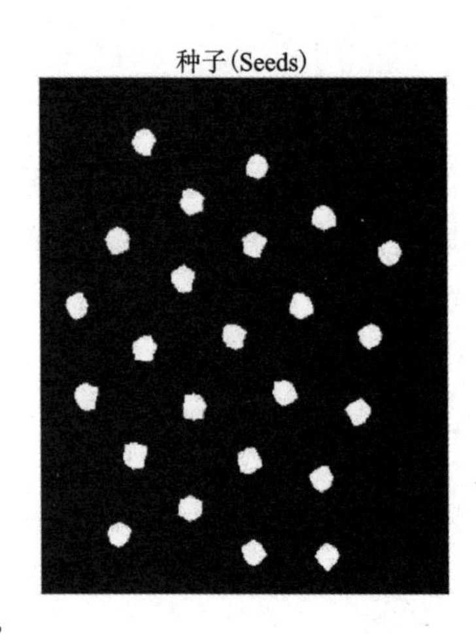

图 12-2

3. 分水岭算法

实验代码如下：

```
1| # 类别标记
2| ret, markers=cv2.connectedComponents(sure_fg)
3| # 为所有的标记加 1,保证背景是 0 而不是 1
4| markers=markers+1
5| # 现在让所有的未知区域为 0
6| markers[unknown==255]=0
7| # 绘图
8| plt.rcParams['font.sans-serif']='SimHei' # 中文字体
9| plt.figure(3, figsize=(12,6))
10| # 显示结果
11| plt.subplot(131)
12| plt.imshow(markers,cmap='jet')
13| plt.xticks([])
14| plt.yticks([])
15| plt.title('标记')
16| # 分水岭算法
17| markers=cv2.watershed(src,markers)
18| # 显示结果
19| src[markers==-1]=[255,0,0]
20| plt.subplot(132)
21| plt.imshow(markers,cmap='jet')
22| plt.xticks([])
23| plt.yticks([])
24| plt.title('分割')
25| # 绘制物体边缘
26| src[markers==-1]=[255,0,0]
27| # 显示结果
28| plt.subplot(133)
29| plt.imshow(src[:,:,::-1])
30| plt.xticks([])
31| plt.yticks([])
32| plt.title('结果')
```

在前景区域中，每个硬币对应一个小的圆形区域，而且彼此之间没有互相连接。代码的第 2 行，可以通过 cv2. connectedComponents()函数标记每个独立区域，并且为每个独立的区域设置一个索引编号。对于图像的背景，用索引“0”标记；对于其他独立区域，用从“1”开始的一系列整数索引标记。如果背景标记为“0”，则分水岭算法会将其视为未知区域，所以我们用不同的整数来标记背景。代码的第 4 行，markers＝markers＋1 表示将所有的索引编号加 1，这样背景区域的索引标记变为“1”，其他的索引标记依次累加 1。代码第 6 行，markers[unknown＝＝255]＝0，表示将未知区域标记为“0”。最后一步，使用分水岭算法完成图像的分割。代码第 17 行，markers＝cv2. watershed(src，markers)，表示通过分水岭算法更新了未知区域的标记，并且边界区域被标记为“－1”。

程序运行结果的屏幕截图如图 12-3 所示。

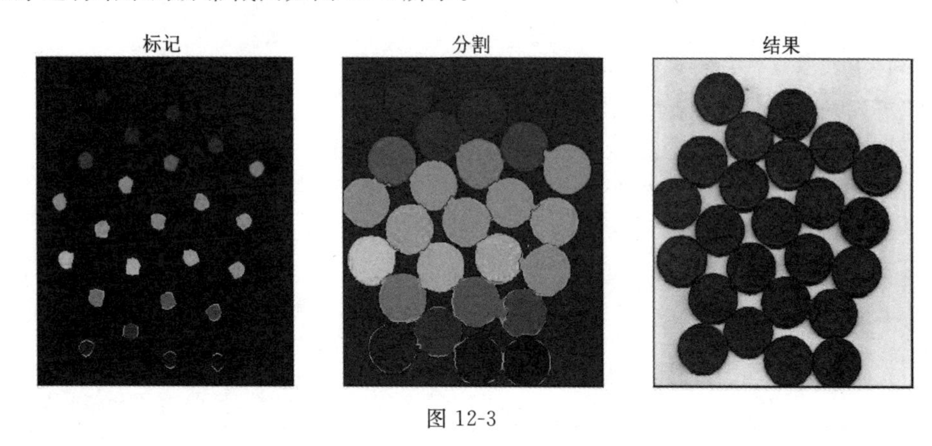

图 12-3

图 12-3 中“标记”显示分水岭算法执行前，图像中前景区域、背景区域和未知区域的标记；“分割”显示分水岭算法执行后，图像中前景区域、背景区域和未知区域的标记；“结果”显示识别出的边缘信息。

主要参考文献

陈岗,2021.图像处理理论解析与应用[M].北京:电子工业出版社.

何川,胡昌华,2018.图像处理并行算法与应用[M].北京:化学工业出版社.

黄杉,2023.数字图像处理:基于 OpenCV-Python[M].北京:电子工业出版社.

李明磊,2019.图像处理与视觉测量[M].北京:中国原子能出版社.

任明武,2022.图像处理与图像分析基础:C/C++语言版[M].北京:清华大学出版社.

田萱,王亮,丁琪,2019.基于深度学习的图像语义分割方法综述[J].软件学报,30(2):440-468.

佟喜峰,王梅,2019.图像处理与技术识别技术:应用与实践[M].哈尔滨:哈尔滨工业大学出版社.

魏龙生,陈珺,刘玮,等,2023.数字图像处理[M].武汉:中国地质大学出版社.

吴佳,2023.图像处理与计算机视觉实践:基于 OpenCV 和 Python[M].北京:人民邮电出版社.

章毓晋,2018.图像工程[M].北京:清华大学出版社.

MARK L,2018.Python 学习手册[M].5 版.秦鹤,林明,译.北京:机械工业出版社.

ROBERT J,2020.Python 科学计算和数据科学应用:使用 NumPy、SciPy 和 matplotlib[M].2 版.黄强,译.北京:清华大学出版社.